"十四五"普通高等教育本科部委级规划教材 ｜ 北京高等学校优质本科课程

U0742639

功能性服装：运动装设计

王露 ◎ 著

SPORTSWEAR
DESIGN

中国纺织出版社有限公司

与艺术不同，设计一词有着双重含义。它既是动词也是名词，它不只是我们身边事物表现出来的某种特征，同样也是使得这些事物得以实现的创造性过程。不同寻常的是，设计竟能以各种不同的方式，有时甚至是非常复杂的方式，将人们对审美、制造、购买及使用等诸方面的关注联系起来。

——彭妮·斯帕克

随着人们对健康和生活品质的重视，参与日常健身、跑步等运动的人数呈快速上升趋势。滑雪和徒步等户外类型的运动也成为放松身心、强身健体的时尚运动。运动装及装备的消费成为服装和纺织市场的主要增长点，为运动装及装备的发展和创新带来契机，运动装创新设计人才的培养也将成为运动装产业发展的动力。

关于功能性运动装设计

生活水平的提高，生活状态的多元化和相关技术的进步都使服装的设计产生了细致的分化。服装的品类随着消费者对服装的不同需求而越来越多样化，国内外的一些研究机构、高等院校对不同的服装进行了分门别类的深入研究。在功能性服装的设计研究上，英国的学者们更倾向于将其归为产品设计，他们注重多学科的交叉，邀请产品设计的专家、材料学专家和计算机辅助设计专家共同完成设计课题。功能性服装设计更加强调了以服装的舒适性和功能性为出发点的"以人为本"的设计原则，运用纺织高科技、新型的服装制板技术和智能可穿戴技术为人们在生活中、运动中、工作中更加舒适和安全提供了更多的选择。

功能性运动装设计是以满足用户的需求为出发点，融合人体运动生理、运动装的纺织技术、运动装板型的开发和运动装的款式设计等诸多相关联因素的设计实践。彭妮指出的设计与艺术之间的差异，尤其是"设计以不同的方式将人们对审美、制造、购买及使用等方面的关注联系起来"的观点，在进行功能性运动装设计的实践中体现得尤为充分。全面深刻地理解和掌握运动装设计的理念和方法，需要了解运动装设计与时装设计之间的差异。运动装设计的创造性过程包含围绕着参与运动的用户各个方面的因素，而对样品的测试能够验证设计是否满足了用户的需求。因而，用户的一句"感觉良好"蕴含了设计师对用户生理、心理及个体的幸福感等方面的深思熟虑和谨慎抉择。

功能性运动装设计教学的理念

随着设计师明星化观念的淡化，一种具有不同专业背景与优势的人才以学科交叉的合作方式进行研究与设计的实践越来越受到重视。2010年，英国设计委员会就提出了交叉学科的设计方式，以设计学为引导将社会学、市场经济学、信息技术和制造技术进行融合，用交叉学科的教学模式培养年轻设计师，将新的融合的设计理念尽快传播到设计实践的领域，激发学生的创新思维和能力。

人们对健康的关注不仅为运动装市场带来巨大的发展空间，也使健康成为各个行业相互交融的重要驱动力。2003年，中华女子学院在国内率先开设了运动装设计课程，二十多年来培养了大批的运动装设计人才。同学们在大学生时装周的舞台上展示功能性运动装设计作品，借助时尚与科技的力量，探索运动装设计与纺织科技，以及智能可穿戴、可持续时尚的深度融合。在坚持运动装设计要保证穿着的舒适性和保护性以及符合运动自身规则及特点时，还满足了用户对美感与时尚的需求。

团队在培养运动装设计人才的教学实践中从三个维度进行了探索：一是激发学生们对运动装创新设计的兴趣，培养中国运动装设计的原创力量；二是通过合理的研究方法和创新思维，让同学们锁定用户的需求，以设计解决问题，满足需求，实现梦想；三是让同学们掌握纺织材料性能、制作工艺等技术手段，学会正确运用技术助力运动装创新设计。

运动装设计教学提出了三个要求：一是能够跳脱出二维视角下的图形与配色设计的局限，针对三维的人体在运动状态下的特点进行创新设计；二是作品能够在细节上更具有诚意与包容之心，为热爱运动的人带来有温度的设计；三是作品能够将可持续理念融入设计中，使作品更具有可持续时尚之美。

功能性运动装设计教学模式及特点

功能性运动装设计课程安排以一次全天户外徒步体验为起点，激发学生兴趣，让学生在实际感受中领悟设计要以需求为导向的重要性。结合课堂基本设计概念及研究方法的介绍让学生建立基础认知。项目课程采用课堂讲授、调研分析和实际操作相结合的形式，以设计为主线将单元训练进行组合，使学生能够从理论学习、设计构思到动手实践，最终完成实物作品的一体化教学方法来实现教学目标。

当课程到实践性教学环节时，学生将进入校外实习基地、国际纺织材料展会，让学生真实感受行业与市场的情况，深入一线进行设计实践活动。回归教室后，确立具体设计目标，在老师的带领下进行创新设计实验，学习功能性服装设计方法与流程。最后环节是在工艺实验室以实物形式完成个人的设计构想，并进行穿着测试，再对设计产品分析评价进而优化改善，如图所示。五门相关的课程以企业产品开发的流程为参照形成运动装设计的项目课程群。

功能性运动装设计教学中的思考

在西方，设计的发展经历了工业化社会、战后社会、消费型社会、网络化社会，并在21世纪进入了设计型社会。从19世纪中期现代设计启蒙时期的着眼于产品的外观之美转变到用创新的设计在社会的发展与完善中发挥作用，这百余年间，设计的定义与作用也发生了质的转变。影响设计转变的因素包含了人口和家庭结构的转变、新的消费价值观与工作方式的转变、新技术与环境等。设计在社会的发展进步中发挥了越来越重要的作用，具有更广阔的范围与机遇。

伴随设计的转变与发展，服装设计的出发点从紧紧围绕市场的需求扩展到对社会、环境、文化等更广阔的领域的关注。可持续设计、包容性设计等目前国际设计研究领域关注的理念，引发了服装设计师的思考。如何在设计实践中使服装设计能够满足人们日常需求的同时，对社会与环境发挥更积极的作用都是设计创新的出发点。

正如彭妮所说，设计竟能以各种不同的方式，将人们对审美、制造、购买及使用等诸方面的关注联系起来。这种设计所具有的特性也引发笔者在教学中，一直在试图寻找一些问题的答案。这些问题来自运动装设计实践和运动装设计教学中，例如：运动装设计如何从以人为本的角度满足穿者的需求；为消费设计

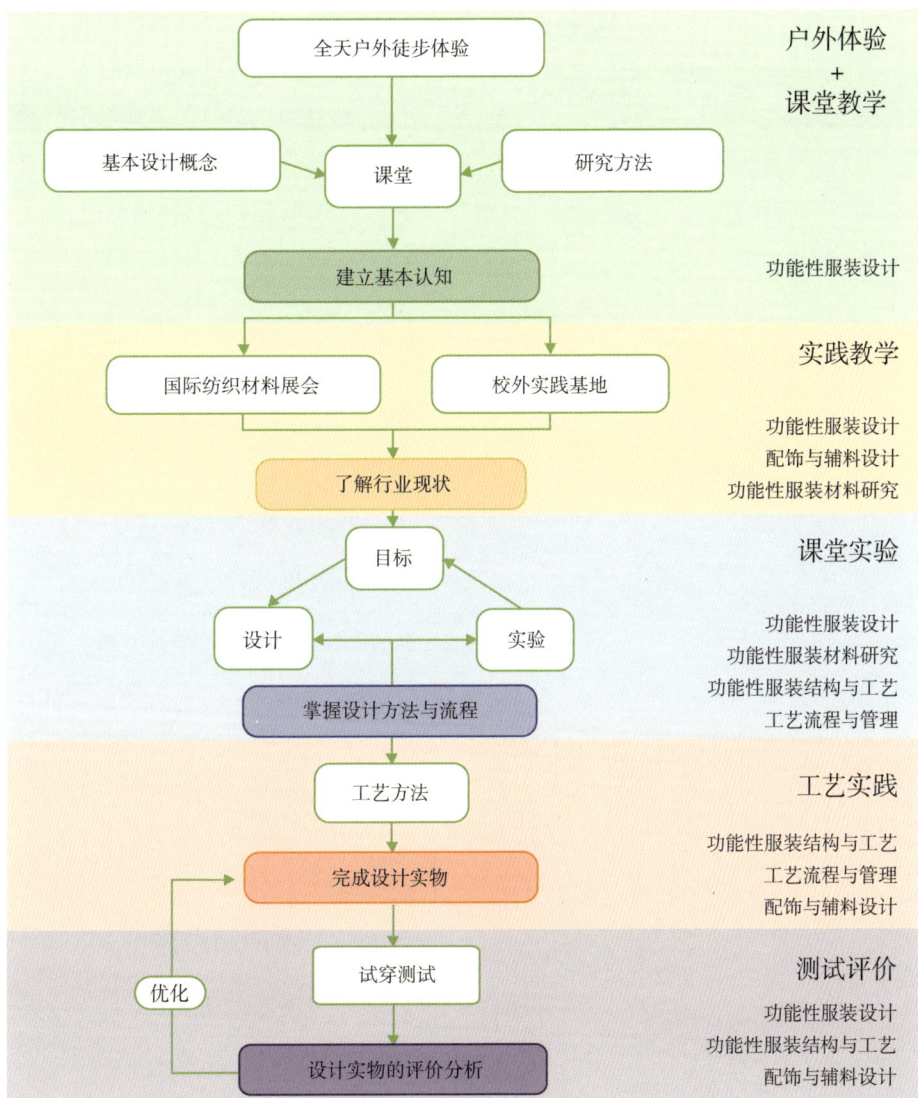

运动装设计课程教学全流程

还是为需求设计，如何推进运动装的可持续进程；在智能时代的今天，AI的全面参与使得服装设计师将面临哪些挑战；从消费主义到可持续时尚，21世纪时尚之美是否需要重新定义。这些问题是从服装设计的另一种视角的思考，也希望在梳理多年的教学积累中找到更有启发的解读，更希望和读者们通过设计实践一起去找到答案。也许这些问题就是设计师们充满好奇心和创造力而不断探索的动力。

从"更高、更快、更强、更团结"到"更包容、更友爱、更美丽"，运动在挑战人类极限的过程中也在关注它为人类的身心健康所带来的积极作用。希望能够和同行们在服装教学的课堂上，唤起学生对运动装设计创新的热情，关注运动装的可持续发展，通过包容的设计让更广泛的人群爱上运动，参与运动，感受运动之美。

著者

2025年1月3日

教学内容及课时安排

章（课时）	课程性质（课时）	节	课程内容
第一章 （16课时）	基础理论 （24课时）	●	运动装概述
		一	受环境和运动影响的户外运动装
		二	运动装的前世今生
		三	运动装设计的新思路
第二章 （8课时）		●	运动的主体
		一	不同特点的运动参与群体
		二	包容的设计视角
		三	英国老龄功能性服装设计研究与实践
第三章 （12课时）	应用理论与训练 （40课时）	●	影响运动装设计的功能因素
		一	人体对运动装的影响
		二	换个角度的设计：从功能需求中找灵感
		三	细致入微的细节功能设计
第四章 （8课时）		●	影响运动装设计的审美因素
		一	运动装色彩设计的相关因素
		二	运动装色彩设计的审美与安全
		三	运动装色彩、图案及标志的作用
		四	运动装与流行风尚的融合
第五章 （20课时）		●	运动装设计的系统思维、流程与可持续设计
		一	运动装设计的系统思维
		二	运动装的设计流程
		三	运动装的可持续设计
		四	展望未来的运动装设计

注 各院校可根据自身的教学特色和教学计划对课程时数进行调整。

一、课程说明

运动装设计课程设置在大学三年级，目的是让服装设计专业的学生在以往的专业学习基础上，认识和掌握如何用探究的方法从服装的主要特征与功能的角度出发，以满足用户心理和生理两方面的需求为目的的运动装设计。具有舒适性和保护性的运动装设计需要学生们从所选择的设计对象的相关功能及美感方面的需求入手，通过调查、研究和论证，设计出符合功能需求的运动装。课程采用全过程模拟运动装设计模式，为学生提供相关的专业知识、设计方法和实践技能的培养。

二、课程教学目标

在专业教学中与思想政治教育相融合，弘扬社会主义核心价值观，将优秀传统文化、社会主义先进文化与本课程的特色相结合。使学生通过本门课程学习，不仅掌握运动装设计创新理念和设计方法，同时还兼具全球视野和"中国创造"使命感，为我国运动装产业发挥专业优势，更好地满足人民群众对高品质生活的需求。

知识目标： 通过学习与实践熟练掌握运动装设计的理论知识、运动装设计方法与流程，了解运动装设计与研究的现状与发展。

能力目标： 需要具有论证用户需求的技巧、获取信息和研究分析的能力，提出解决问题的设计构思与表达的能力，熟练运用设计流程进行独立设计的能力，测试分析设计成品并持续优化的能力，良好的沟通、协调、合作、解决问题的综合能力等。

素质目标： 兼具全球视野和"中国创造"使命感，为我国运动装产业发挥专业优势，用设计创新更好地服务于人民群众的高品质生活需求，服务于社会与国家发展。

三、主要知识点

1. 运动装设计基本原理
2. 用户需求的调研手段及总结归纳方法
3. 运动装设计系统思维
4. 运动装设计流程

四、主要教学方法

本课程采用课堂讲授、课堂讨论分析、课外实地调研和设计实践相结合的形式，以设计流程的步骤为主线将每个知识点和实践连接起来，使学生能够体会到从理论学习到设计构思的发展，最终到设计创意的完成的全过程。课堂教学需要课外学习的补充，学生需要利用好课外时间，搜集有关运动装设计的信息，进行不同类别运动装产品的调研及试穿体验，并将调研结果与分析带到课堂上进行讨论。同时教学采用"移动式课堂"的形式，带领学生走入专业展会及运动装企业，近距离了解运动装相关趋势和行业现状。

目录
Contents

1 第一章
运动装概述

第一节　受环境和运动影响的户外运动装　/　003
一、户外运动对着装的需求　/　003
二、户外运动装的基础层　/　004
三、户外运动装的中间层　/　006
四、户外运动装的外层　/　008

第二节　运动装的前世今生　/　009
一、20世纪女子运动装的发展　/　009
二、诞生于好用的户外夹克　/　011
三、功能性服装设计先锋马西莫·奥斯蒂　/　014
四、与生活方式融合的日常综合训练装　/　016

第三节　运动装设计的新思路　/　021
一、融合视角下的运动装设计　/　021
二、可持续视角下的运动装设计　/　024
三、女性视角下的运动装设计　/　025

思考题　/　027

2 第二章
运动的主体

第一节　不同特点的运动参与群体　/　030
一、了解用户特征和生活方式　/　030
二、了解用户需求的调研方法　/　033

第二节　包容的设计视角　/　033
一、以用户为中心的包容性设计　/　034
二、运动装包容性设计案例　/　034

第三节　英国老龄功能性服装设计研究与实践　/　038
一、对老龄用户需求的调查分析　/　039
二、舒适与美观的和谐统一　/　039

三、高性能纺织材料的运用 / 040

四、以老龄用户的形体数据为研究基础的
板型设计 / 041

思考题 / 041

3 第三章
影响运动装设计的功能因素

第一节　人体对运动装的影响 / 044

一、了解运动中的身体 / 044

二、面料的服用性能需求 / 046

三、身体分区定位设计 / 048

四、符合运动特征的动态板型 / 052

五、尺寸与形体因素 / 054

第二节　换个角度的设计：从功能需求中找灵感 / 055

一、抵御多变天气的多功能户外装设计 / 055

二、适应不同场景和用途的模块化设计 / 058

三、容易被忽略的安全可视化设计 / 059

第三节　细致入微的细节功能设计 / 060

一、合理的细节设计 / 060

二、灵活的调节设计 / 064

三、功能性口袋设计 / 064

思考题 / 066

4 第四章
影响运动装设计的审美因素

第一节　运动装色彩设计的相关因素 / 068

一、运动装心理色彩 / 068

二、运动装流行色彩 / 070

三、运动装基础色彩 / 075

第二节 运动装色彩设计的审美与安全 / 077

一、易识别的色彩 / 077

二、与自然相和谐的色彩 / 078

三、隐蔽的色彩 / 079

四、防紫外线的色彩 / 080

第三节 运动装色彩、图案及标志的作用 / 081

一、色彩、图案及标志的识别与象征作用 / 081

二、运动装标志、图案和辅料的装饰作用 / 082

第四节 运动装与流行风尚的融合 / 087

一、街头流行风尚的演化 / 087

二、运动装的联名设计 / 088

思考题 / 090

5 第五章
运动装设计的系统思维、流程与可持续设计

第一节 运动装设计的系统思维 / 092

一、注重使用和体验感的运动装设计 / 092

二、运动装设计树 / 094

第二节 运动装的设计流程 / 095

一、运动装设计的基本出发点及设计流程 / 095

二、运动装设计流程案例分析 / 097

第三节 运动装的可持续设计 / 103

一、可持续发展背景 / 104

二、运动装及装备在可持续设计上的实践 / 106

第四节 展望未来的运动装设计 / 113

一、艺术与科技融合的运动装设计 / 113

二、虚拟技术、人工智能对运动装设计的影响 / 115

思考题 / 116

参考文献 / 117

第一章

运动装概述

麻烦的是汗水和呼吸。我从前不知道身体有这么多废物会从皮肤的毛孔排出……而所有的汗水并没有从我们透气的毛织衣服里面蒸发从而使皮肤保持干爽，而是不断凝结、积累。

——彻里·加勒德
南极探险家

在第一章里，我们将从了解户外运动装的层系统如何工作开始，认识运动装的基本分类和特性，理解运动装设计中运动、外部环境、人体与服装的关系，为未来能够理性、系统地进行运动装创新设计打下基础（图1–1）。还将梳理过去，展望未来，浏览不同时期运动装的变化和发展。

图1–1　按照层系统原理分层穿搭的滑雪装，品牌：北面（The North Face）

第一节　受环境和运动影响的户外运动装

户外运动曾经是人类为了生存或发展在与大自然斗争的过程中产生的一种生存手段，如进行勘查、狩猎、战争等活动。18世纪末，户外运动在英国已经有了较为深厚的基础，19世纪逐渐发展成熟。20世纪初，随着汽车的逐渐普及，户外运动所能触及的地域更加广阔。第二次世界大战期间，英国特种部队为了提高野外作战能力和团队合作能力，开始利用自然屏障和绳网进行障碍训练，这是人类第一次系统地把户外运动有目的地运用到军事训练科目中。战后，随着战争的远离和经济的发展，户外运动从军事和求生范畴扩展到日常运动，成为大众非常热爱参与的活动之一。同时，许多军装上的功能设计也民用化，成为户外运动服装设计的参照。

近二十年来户外运动的参与者数量大幅增加。一方面对一直有健身习惯的运动爱好者来说，户外运动是去健身房锻炼的替代方案；另一方面对于其他人群来说，户外运动是培养新的锻炼习惯和放松消遣的好方式。

一、户外运动对着装的需求

作为人和自然亲密接触的运动形式，户外运动从大众都能参与的徒步、露营到需要专业技巧和特殊装备的登山、攀岩，从山地骑行、皮划艇到漂流、滑翔伞，户外运动的内容十分广泛。这类曾经是少数富有探险精神的爱好者参与的运动，现在已经发展为大众休闲化的健身方式之一。

在复杂的户外环境进行探险时，如何依据以往丰富的经验预判天气条件和正确穿着户外服装，其重要性不是能否带来愉悦户外体验这么简单，一个错误的决定很可能带来危险，让人失去生命。在户外环境中，人体应对寒冷的能力很差，因此在天气变化不稳定的条件下进行徒步、滑雪、登山等运动时，保持身体的干燥温暖非常重要。特别是在极限天气条件下进行雪中前进、登山、跋涉等高强度运动后，浑身的汗水不仅会导致几层服装之间结冰、围巾冻在脸上、袜子冻在脚上的结果，还会使衣服和物品冻成冰雕。因此温暖和干燥成为探险家们能否保命的核心问题，也是户外服装功能的核心问题（图1-2）。

图1-2　为中国北极科考队研发的户外科考服装，品牌：探路者

1. 应对户外环境的功能性材料

无论是徒步、亲近自然的露营等难度较小的户外运

动，还是征服高山险途的专业登山运动，气候的不确定性和运动前后人体的温度湿度变化都对户外运动装提出了很具体的要求。因此，当应对户外天气和温度的变化时，需要让户外服装具有快干、抵御寒冷和风雨雪的防护性能。风雨雪会加速身体热量的散失，特别是当衣服被雨水浸湿后，水充满了面料的间隙，取代了所含的静止空气，明显降低了服装的保暖性能。而夏天，衣服被雨水淋湿后，透气性也会下降，给身体带来闷热的不适感。因此，无论冬夏，户外运动外套的防水、防风性能都是服装的基本要求，同时还必须保证服装的透气性。

为提高运动装的舒适和防护性能，结合运动装在不同层所需要发挥的性能，运动装在纺织材料、款式设计以及制造技术领域都出现了很多的创新。20世纪60～70年代，由美国戈尔父子研发的戈尔特斯防水薄膜（Gore-Tex™），是一款微孔直径小于水分子、大于气分子的薄膜，能够以三明治的形式与织物结合成新型复合材料，实现防水、防风和透气三种功能。此类型的产品多种多样，广泛用于外层的防风防雨外套和滑雪服上（图1-3）。

2. 应对户外环境的多层着装方式

对户外运动有一定体验和了解后会发现，要想保障户外运动时人体的舒适与安全，户外服装需要采用合理的多层着装方式——层搭法。结合外界环境的情况和人体运动的热湿效应，正确的分层穿搭能够让身体在运动时避免过热、潮湿，在身体运动停止后还能保持合适的温度和干爽。不同层次服装互相配合才能达到理想效果。要想理解服装层系统

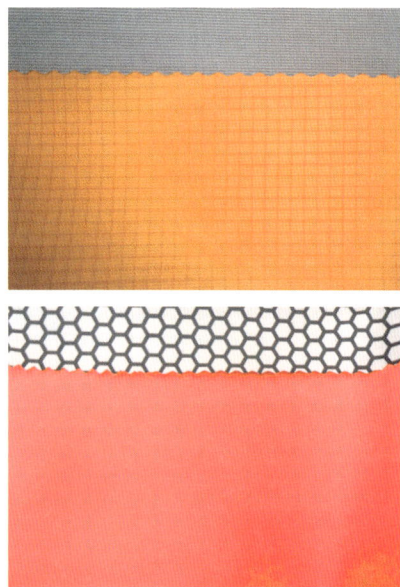

图1-3　用于户外服装的防水透气材料，通过微孔薄膜实现防雨透气的功能

（Layering System）和运动人体的关系，亲身参与户外运动、感受身体热湿变化是最好的方式。

多层着装方式是基于多层较薄的衣物具有比单层较厚的衣物更舒适、更保暖，也能灵活对应身体温度和外部气温变化的特点而产生的一种穿着方式。多层着装方式通常分为紧贴身体的基础层、留住温度的中间层以及防阻外部冷空气、雨雪的最外层。与仅穿着单件厚重的保暖外套相比，多层着装可以分层发挥各自的功能，也能够更灵活地调节体温。在保暖的效果上，多层着装的层与层之间的静止空气是很好的隔热体，既能保温又能透汗，保持皮肤干燥。这种着装方式在户外运动时更加轻便舒适。

二、户外运动装的基础层

作为人的第二层"皮肤"，基础层服装直接贴合皮肤，往往采用弹性材料，紧身设计最大化贴合身体，是人体与外界环境分开的最贴身的服装。人体在运动过程中由于体温的快速升高会大量排汗，基础层服装紧密地接触皮肤，需要起到调节运动中身体的体温与排出水分的作用，目前多采用疏水性能强并快干的化纤材料（图1-4）。为防止身体异味，贴身的基础层运动装也会选择能够防止细菌繁

殖、抑制异味的功能性材料。在全球可持续时尚趋势的推动下，能保持干爽、抑制异味、弹性良好和具有可生物降解特性的羊毛被很多环保运动品牌大量使用。羊毛作为运动装基础层和中间层运动装的主力军，因其还具有一定的疏水性，也被运用到外层运动装上。

对于每一位户外运动的参与者来说，贴身速干衣是户外运动装必备的基础层服装，而对于女性则需要在速干衣内穿着具有一定支撑性能且舒适的运动胸罩。

1. 速干衣

速干衣是户外运动中穿着的贴身服装，发挥着运动中保持人体热湿舒适性的重要作用。身体通过排出汗水调整体温，速干衣直接接触皮肤，使汗水快速蒸发而不在皮肤上凝结，保持皮肤干燥，在夏季保持身体凉爽，在冬季防止身体失温。

成立于1946年的挪威运动装公司奥第乐（Odlo）在速干衣领域历史悠久。公司创始人是专业滑雪运动员，曾获得1933年奥斯陆滑雪越野赛冠军。1947年，奥第乐公司设计并生产了公司的第一款女士运动速干衣产品。1963年，奥第乐公司利用合成材料研发了一套适合越野滑雪和速滑运动的保暖套装，次年，这款保暖套装成为挪威运动员参加冬奥会的队服。此后，奥第乐成为多个北欧国家滑雪队的官方合作伙伴和指定供应商（图1-5）。

2. 女士运动胸衣

女性在做弹跳或跑步动作时，胸部会与身体一起产生短促的快速运动，如果没有足够的支撑会导致胸部疼痛及其他危害。因此，能够为女性提供支撑的运动胸衣是非常必要的。20世纪70年代，慢跑在大众中流行起来，佛蒙特大学的三位女性将护身三角绷带缝在一起，并命名为"慢跑胸罩"，随后女性运动胸衣开始逐渐受到关注。结合运动强度，女士运动胸衣分为低、中、高支撑度来满足运动需要（图1-6～图1-8）。

基础层运动装设计需要关注以下内容：确保手臂的自由运动，装饰细节设计，对身材的修饰，结合人体散热的部位进行散热透气设计，高可视性的反光设计，环保可持续材料的应用，领口的舒适感。

图1-4 疏水性能强并快干的压缩速干衣，通过一体织对人体进行分区功能设计，品牌：衣以上（Play Top）

图1-5 基础层速干衣，品牌：奥第乐

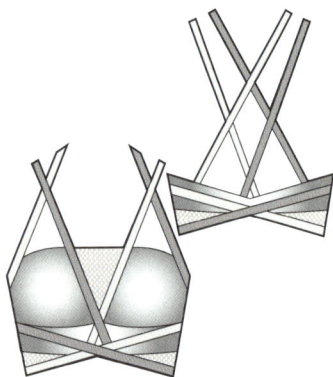

图1-6　基础式肩带的低支撑运动胸罩，图片来源：英国在线预测和潮流趋势分析服务提供商WGSN

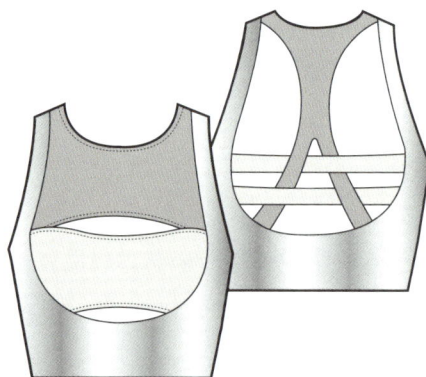

图1-7　肩带变化的高支撑运动胸罩，图片来源：英国在线预测和潮流趋势分析服务提供商WGSN

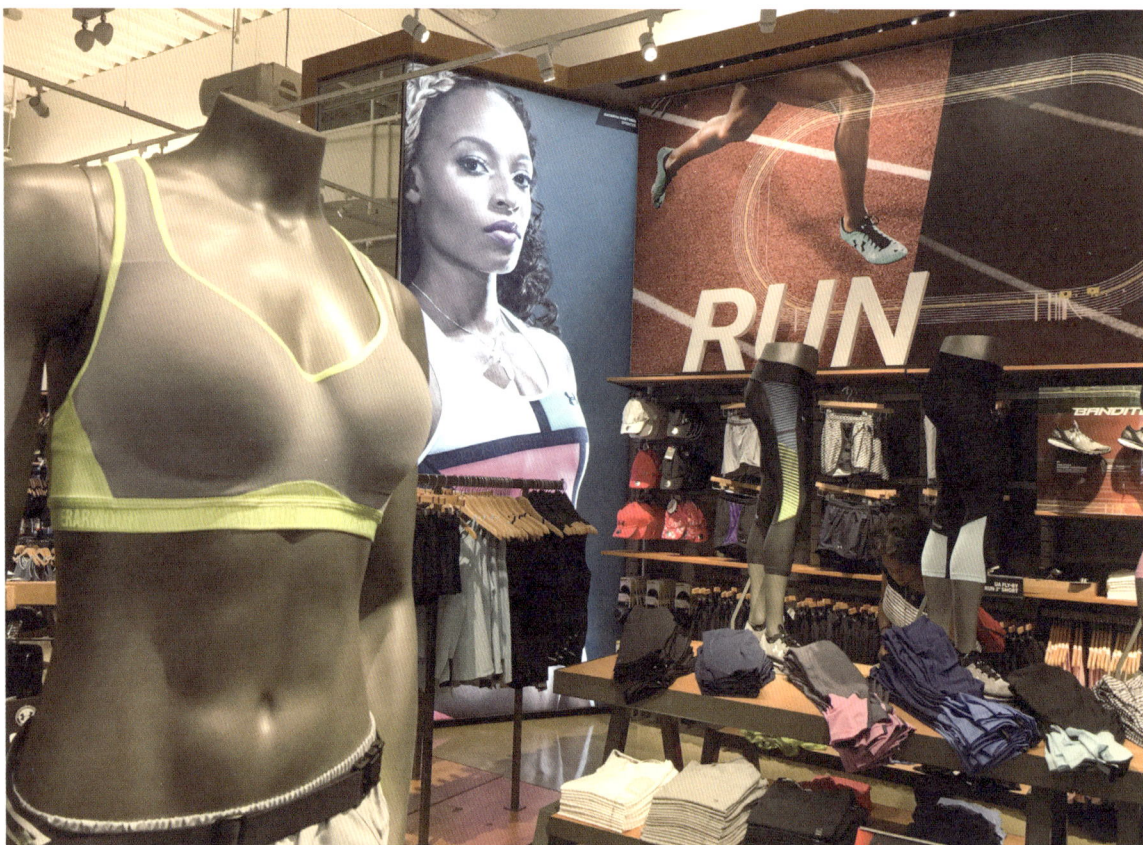

图1-8　高支撑女子跑步运动胸罩，品牌：安德玛（UA）

三、户外运动装的中间层

中间层运动装也称隔绝层或者保暖层，这一层的衣物可以是一件，也可以是多件组成。棉服和厚羊毛都是传统的隔离层服装，由于抓绒衣（Fleece）具有优秀的保暖性和排汗性，重量轻、耐用、易干且具有棉服和羊毛所不具有的排水性，逐渐取代了棉服或者厚羊毛服装成为户外中间层首选（图1-9）。在更为寒冷的条件下，羽绒服也是中间层选择之一（图1-10）。

抓绒衫的功能特点是保暖、防风、轻便，因此在户外服装层系统里是中间层的主力。具有优良保暖力的抓绒衫，英文名字是Fleece Jacket，如果不了解是特指抓绒功能性材料，就会被错译成羊毛衫，因为最初的Fleece是指起绒的羊毛织物，而现在的Fleece和羊毛织物有不小的区别，是指由聚酯纤维材料制成的绒感织物。

最早的抓绒面料出现在1979年，由历史悠久的美国纺织公司Malden Mills研发，将其命名为Polartec。经过不断改良及发展，现在Polartec产品系列已有超过200种不同面料，适用于不同场景，并被《时代周刊》《福布斯》杂志誉为世上100种最佳发明之一。抓绒材料也从早期的昂贵材料普及成平价材料，既能在户外运动时发挥保暖防风的专业性能，也在日常休闲中发挥时尚、轻盈和保暖作用。

采用抓绒织物的中间层服装，一般有两类，较常用的一类是保暖抓绒衣，轻便保暖，速干易打理，时常和防风防雨的户外夹克同时穿着；另一类是防风抓绒衣，通过密绒或是复合防风材料制成，改善了抓绒织物不防风的性能。

跨国运动品牌阿迪达斯（Adidas）开发的女式抓绒连帽外套的材料采用减少森林微塑料的Flooce面料，在保证性能的同时比传统的抓绒面料更不易脱绒，这款中间层抓绒连帽外套具有透气快干的功能，触感柔软（图1-11）。采用身体分区定位设计（Body Mapping Design），依据不同部位需求选用了最适合的面料厚度，运用立体裁剪和平锁接缝工艺让身体运动时舒适自如，产品也更耐用。

中间层运动装设计需要关注以下内容：保暖

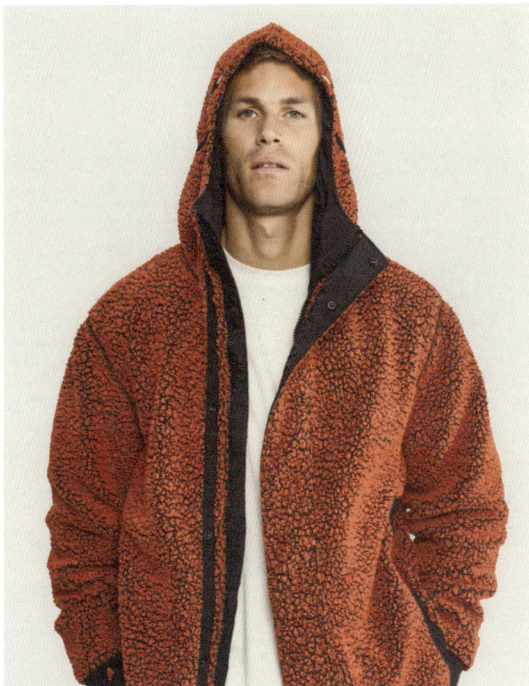

图1-9 材料来自废弃织物及回收塑料瓶的户外抓绒夹克，品牌：沃利巴克（Vollebak）

图1-10 红色羽绒服穿着在滑雪服内发挥保暖作用，摄于德国慕尼黑国际体育用品博览会（ISPO）

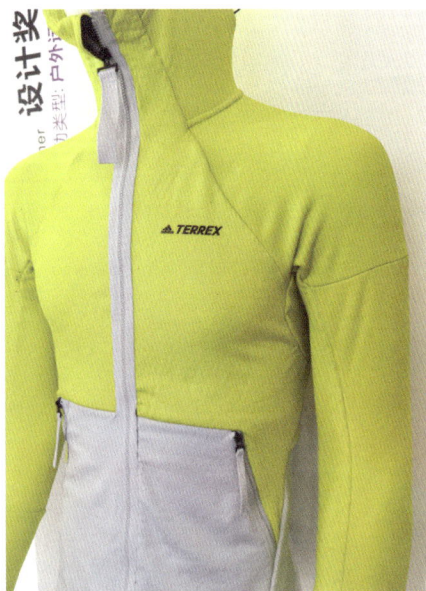

图1-11　女式抓绒连帽外套，荣获ISPO设计奖，品牌：阿迪达斯

性与散热透气性，轻盈舒适的手感，无阻碍的手臂自由运动，调节及装饰等细节的设计，合体性，贴近皮肤部位的材料舒适性，口袋容量与位置的合理性，环保可持续材料的应用。

四、户外运动装的外层

穿在最外面的一层服装的主要功能是阻挡风雨并提供防护，故外层也被称为外壳，有硬壳与软壳之分。外层服装采用防风防雨材料，同时需要具有良好的透气性以便及时排出身体的汗水和水汽，因此在服装腋下等处需要设计排气口增加服装的透气性。在没有合成纺织材料之前，户外外套通常采用棉、羊毛等天然纤维材料，为了抵御户外风雨、严寒，面料的外部通常采用油蜡做防水、防风的涂层处理。随着纺织科技的进步，目前大多数户外服装都采用先进的人造纤维材料、层压复合、涂层等后整理技术，例如微孔薄膜技术的运用就大大提高了户外服装的防水透气性能。由于户外运动服装对防护性能的苛刻要求，很多的面料和化工生产商都非常注重高科技材料的研发，同时也十分重视面料的环保性。兼具环保与防护性能的新型材料和创新设计使户外功能外套、滑雪外套更好地满足了登山、徒步、滑雪等户外运动的需要。

1. 户外功能外套

一件户外功能外套应该是参与户外运动的群体人手一件的基本配置。一件户外功能外套价格不菲，在材料、结构和工艺上具有防风防雨功能，在结构设计上要保证身体和手臂的自由活动，并满足实用和耐久性的需求。在细节设计中运用可视化的反光压胶条、可调节扣环与可拆卸口袋等方法使外套更具有机能美感，也能将户外与街头、社交与运动等各种场景相融合，提供防护性能服装的多样选择。英国功能性服装品牌沃利巴克研发的户外运动夹克可以存储任何照射到衣服上的光源，并能够在黑暗的地方发光。由于材料能够快速存储光源并能以灯光的亮度进行反射，因此用手机的闪光灯在服装上随意涂鸦或写字，就可以反射出荧光的图案或字句（图1-12）。

2. 滑雪外套

现代滑雪运动的普及已有百年历史，2022年北京冬

图1-12　材料能够吸收并储存光源，在夜晚可以发光的户外防雨夹克，品牌：沃利巴克

奥会让更多国人爱上这项冬季运动。防风雨雪、保温透气是滑雪服的基本性能，轻便、舒适合身、滑雪时能够行动自如并尽量减少风阻的滑雪服也成为冬季日常的必备服装，展现动感时尚的冬季魅力（图1-13）。法国知名冬季运动装备制造商罗西尼欧（Rossignol）出品的自由式滑雪夹克就兼具滑雪与日常两用的特点（图1-14）。

更轻盈、更灵活一直是运动装设计的核心要素，尤其是在足够保暖的情况下如何减轻重量是滑雪夹克设计一直关注的重点。一些有效的方法包括去掉烦琐而无用的零部件、对保暖填充材料进行改良、运用热压胶合工艺缝制服装等。为减轻重量，在滑雪服的颈部、前身和背部对温度要求较高的部位填充优质羽绒，在袖子、帽子和身体侧面则选择更轻盈的中空棉。

运动装在可持续时尚领域一直处于领先地位，知名单板滑雪品牌伯顿（Burton）的滑雪夹克，在满足滑雪功能的同时运用了旧衣再利用的可持续设计方法（图1-15）。

图1-13　复古元素的滑雪夹克，摄于德国慕尼黑国际体育用品博览会（ISPO）

图1-14　自由式滑雪服，品牌：罗西尼欧

图1-15　可持续时尚风格的单板滑雪装，品牌：伯顿

外层运动装设计需要关注以下内容：防护功能与运动强度相对应，保暖性与散热性，无阻碍的肩部、手臂自由运动，细节设计的便利性，口袋容量及位置的合理性，可在工作和运动等多场景之间轻松转换，环保可持续材料的应用，反光的安全可视性。

第二节　运动装的前世今生

一、20世纪女子运动装的发展

20世纪初，各种体育运动开始在欧美的中产阶级中广泛流行起来，同时女性也获得了更多的独立权，能够参与到体育运动中。从1901年反映当时生活场景的英国杂志《速写》封面可以看到一位高山滑雪女运动员一跃而起的矫健身姿，这也从一个侧面反映出当时一部分女性已经积极地参与到运动中。20世纪早期的运动装在材料上还是传统的棉、麻、羊毛制成的针织或机织材料，但是在款式上已经逐步形成了现代运动装的基本样貌（图1-16）。

图1-16　20世纪20年代女性网球服装、高尔夫球服装及泳装，中国丝绸博物馆藏

1. 女子运动装的轻便化

从20世纪初开始，女装向轻便化转变极大地促进了运动装的发展。在服装轻便化的过程中，法国著名的服装设计师夏奈尔女士用她设计的简洁轻便的服装向烦琐、累赘的服装发起了挑战。她为芭蕾舞剧《蓝色火车》设计服装时采用轻便简洁的运动装（图1-17）。她还将原本用于男士内衣的针织面料运用在女性运动服装上。这一突破传统的创新之举是女性运动装也是现代运动装发展的关键一步。与此同时，纺织技术也在加速发展，1935年和1959年杜邦公司分别将锦纶和氨纶应用于日常纺织品中，从而进一步推动运动装向功能化发展。

2. 网球裙的诞生与变化

网球运动在国外已有很长的发展历史，形成了特殊的网球文化和穿着规范。1881年英国成立世界上第一个网球协会，后网球流传至世界各地，尤其盛行于欧美国家。每一赛季，网球明星们的比赛装都是观众们的一大看点，特别是女选手的网球装，让人们在欣赏速度与力量的较量时也欣赏到运动装之美。网球明星所穿着的款式或色彩甚至能推动当时网球服装的新潮流。

　　回顾网球装的发展历程，女运动员穿着的网球裙的长度一直都是一个值得关注的话题，因为网球裙的长度变化也反映出女性选手的据理力争和社会的逐渐接纳和包容。1884年，英国首次允许女子参加温布尔顿网球赛，并规定了女运动员参赛时的着装。1890年，巴黎奥运会上英国网球运动员夏洛特·库珀获得了单打、混双金牌，比赛时她身穿扣子系到领口和袖口的衬衫、长到脚踝的紧身裙和当时女性穿着的束腰，脚上穿着有跟的鞋子，非常不利于运动。与今日的女子网球比赛服相比，两者在运动自如和舒适性上有着天壤之别。进入20世纪，伴随着服装轻量化的转变和女性社会地位的提升，网球裙才逐渐具有了轻便、合理化的特点（图1-18）。

图1-17　夏奈尔女士设计的平纹织物的运动装距今已有百余年的历史，伦敦V&A博物馆藏

图1-18　电影《唐顿庄园》再现了20世纪20年代网球装的样式

二、诞生于好用的户外夹克

　　如果追溯现代男装的发展历程，就会发现每一处经典设计都与实用功能紧密关联。当下的男装更是模糊了日常装与功能服装的界限。与此同时消费者的工作和生活方式在不断转变，户外运动也越来越普及，就更需要适应性强的实用多功能户外服装。随着全球极端天气的频繁出现，功能性的户外装也被都市的人们所青睐，功能性的材料和款式与日常装相结合的设计让很多人爱不释手。设计师们运用高科技、可持续和防护性材料，结合实用的模块化设计，打造出高性能的全天候户外服装。

1. 探险家们的装备

　　户外探险在19世纪和20世纪初期还是男性探险家的天下，极少有女性参与到这项极具风险的运动中来。在探险家的日记里记录了他们的装备准备情况，博柏利风雨衣（Burberry）是必备之物。它既是北极探险家们的必备装备，也曾是第一次世界大战时期英国军人的作战装备，具有防水、结实耐用的实用性能。"一战"后博柏利风雨衣从冰冷的战壕走向了时尚的都市，还出现在如《卡萨布兰卡》

《蒂芙尼的早餐》等多部知名影片中，成为现代生活中的经典外套（图1-19）。在探险家的日记中还记录了他们在极寒的北极使用服装装备的感受。为了能够生存下去，他们想出了各种办法去提高服装的性能，派克服（Parka）由此诞生。在征服北极的探险家的日记里曾经对因纽特人能够抵御严寒的海豹皮制成的连帽皮袄进行过描述，可见这种服装具有很好的抵御风雪的功能，后来美军根据其特点进行研发并应用到军装中，命名为派克。在20世纪60~70年代，派克服因保暖实用而迅速普及到日常服装中（图1-20）。

图1-19 博柏利风雨衣因其具有实用功能而成为人们出行的经典选择

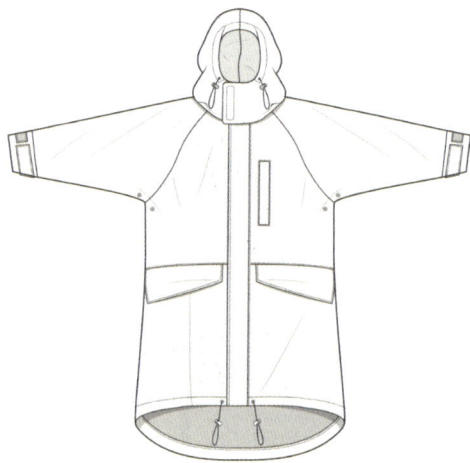

图1-20 受到因纽特人连帽皮袄启发研发的派克服

2. 军装的影响

很多户外玩家喜欢穿着实用的军装，大名鼎鼎的美国M-65野战军装就是其中一款。M-65野战军装，其实是一款军装衍生出的夹克，功能实用，款式帅气，更因1982年史泰龙在电影《第一滴血》中穿着而火遍全球（图1-21）。在其问世四十多年间，M-65野战军装经典实用的设计不仅影响了各国军装，也对民用服产生了巨大的影响。在众多户外外套的款式设计上都能看到M-65野战军装的影子（图1-22）。

图1-21 《第一滴血》中的M-65野战军装

3. 复古风潮中的巴博（Barbour）户外风雨衣

在没有现代的防水透气纺织技术之前，传统油布外套是水手、渔民与造船厂工人的必备服装。巴博是一个历史悠久、家喻户晓的英国户外风雨衣品牌，巴博的防水油布外套也是户外运动、打猎的专业装备。每当狩猎季来临，英国皇室就成为巴博户外风雨衣当仁不让的代言人（图1-23），就连风靡

图1-22 M-65野战军装风格的户外功能夹克，品牌：斐乐（FILA）

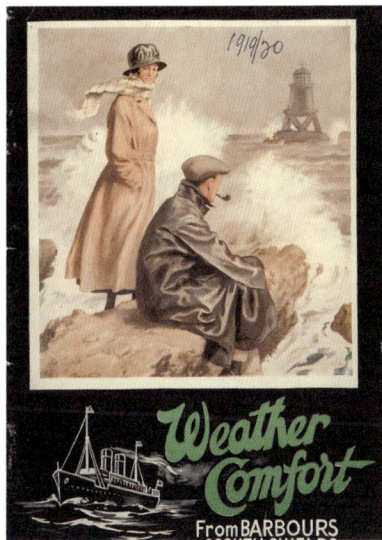

图1-23 20世纪初的巴博风雨衣海报和巴博防水蜡

全球的卡通形象帕丁顿熊也身着蓝色巴博外套来到伦敦闯荡。在可持续时尚下，这种天然环保型服装吸引了注重生态、热爱经典的户外爱好者们。巴博户外风雨衣凭借出众耐用的品质和经典户外风格的传承，成为备受宠爱的户外风雨衣单品（图1-24）。

堪称英国户外乡野生活缩影的巴博一直坚持使用天然材料而非化学涂层来实现服装的防护性能。巴博防水油布外套采用两种打蜡棉处理工艺，一种是直接在织布机上染色并打蜡，棉布具有稍显拉绒的柔软外观；另一种是经过滚筒压延再染色打蜡的棉布，表面更加顺滑。巴博防水油布制作工艺坚持传统手法，采用石蜡、蜂蜡、大麻纤维、巴西棕榈蜡、椰子油等作为防水原料。为延长服装的使用寿命，巴博还提供维护、修补服务，并为消费者开设了服装护理课程，在巴博的店中也无处不传递着可持

图1-24 巴博在苏格兰爱丁堡的门店橱窗展示曾经水手、渔民和猎户的专用服装和装备

图1-25 旧巴博风雨衣的内里被别具一格地做成沙发陈列在店中，凸显品牌的可持续理念

图1-26 马西莫收藏的派克大衣，中国美术学院设计博物馆藏

续的理念（图1-25）。这家有着120年历史的企业，具有大量忠实的成熟顾客群体，为了能够跻身年轻市场，巴博还与网红时尚博主埃里克斯·关（Alexa Chung）、美国滑板潮牌Supreme开发了联名产品，引起了年轻消费群体的追捧。

三、功能性服装设计先锋马西莫·奥斯蒂

"服装如果只是为了满足审美需求，那么造价就太昂贵了。服装必须兼具功能性，而且能够经久不衰。"

——马西莫·奥斯蒂

20世纪60年代是"二战"后的繁荣期，经济高速发展，娱乐和运动休闲成为人们生活的必需品。20世纪70年代，意大利服装设计师马西莫·奥斯蒂对一味追求潮流而忽视功能和舒适的现状进行反思，他从世界各地收集了大量的派克大衣、野战夹克（Field Jacket）和其他功能性服装，这些具有高度实用性的服装给予了马西莫的设计创新很大的启发（图1-26）。马西莫还深入研究功能性面料并进行大量的实验和创新，最有代表性的发明包括成衣染色、星纹布、热黏合材料、科技羊毛等。

1. 马西莫·奥斯蒂的收藏

与其说马西莫是一位服装设计师不如说他是一位服装发明家。通过研究大量的功能性服装、军装等，他将日常服装从板型、材料、染色技术和多样化的细节等方面进行了创新性的设计。"我有一个大仓库，放了八千多件我从世界各地市场收集到的衣服。这个资料库是无价之宝，它呈现了近二十年间人们的穿衣习惯……最重要的是在对的时间回顾对的衣服，把它的特点运用到当下的需求中。我认为这种回顾不是模仿，而是在创

造全新的东西。"正如马西莫所言，他不但没有简单模仿这些收藏，还采用各种方式深入研究琢磨面料和功能背后的奥秘，通过融合、创新和测试诞生出全新的设计（图1-27）。目前马西莫庞大服装收藏陈列保存在中国美术学院设计博物馆，为日后进一步进行服装功能性设计和服装发展史的研究提供了极其宝贵的资源。

马西莫从广泛收藏的军装、邮递员服装、消防服、潜水服等功能服装中汲取灵感，通过在款式结构、材料上的反复实验和创新探索，设计出经典的功能性服装，不仅改进了服装的性能，赋予了日常服装功能之美，也改变了20世纪70～80年代男装的审美风格。

2. 马西莫的经典设计

20世纪80年代开始，马西莫·奥斯蒂创建了C.P.公司和石头岛（Stone Island）两个知名的功能性服装品牌。1982年C.P.公司推出马西莫设计的一系列具有可拆卸领子和袖子的模块式的夹克（图1-28）。这款夹克从一件荷兰警察的摩托车制服中获得灵感，具有多功能的口袋和创新的门襟，运用了针织、油布、皮革和仿麂皮等面料并采用了色彩鲜艳的缎质衬里。新颖独特的设计理念吸引了媒体的关注并进行了大量报道，使之成为公司成功发展的转折点。

1988年，在意大利1000英里耐力赛（Mille Miglia）中，马西莫·奥斯蒂推出来一款全新的设计——护目镜夹克（图1-29）。为了使驾驶敞篷车的车手有更为全面的防护与能见度，C.P.公司与意大利的眼镜片公司联合开发，将镜片安装在防风兜帽底端，打造了著名的兜帽＋镜片的护目镜夹克，同时，为方便人们通过手表查看时间，在服装左袖口上设计了开口，可以露出手表。这款经久不衰的功能性夹克是以瑞士产的野战夹克为基础，加入实用合理的功能口袋设计和面料的

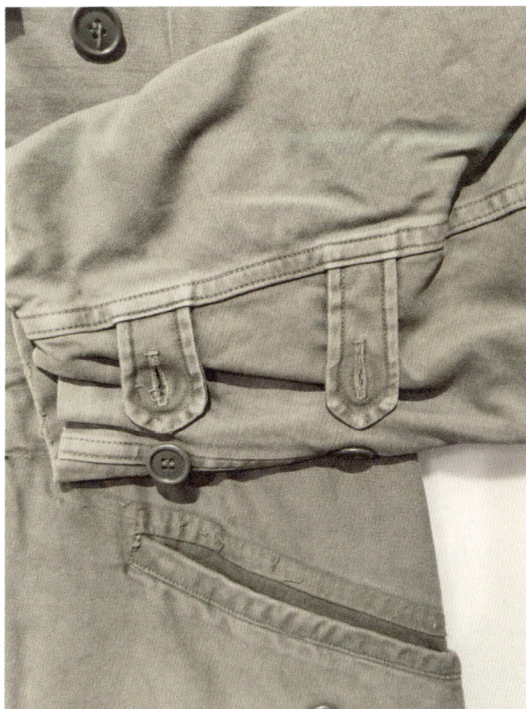

图1-27 马西莫收藏的袖子可调节的服装，中国美术学院设计博物馆藏

图1-28 1982年马西莫以荷兰警察摩托车服为灵感设计的功能性夹克

防水与速干性能，符合人体工学、极具实用性，受到世界各地消费者的青睐（图1-30）。

图1-29　护目镜夹克，中国美术学院设计博物馆藏

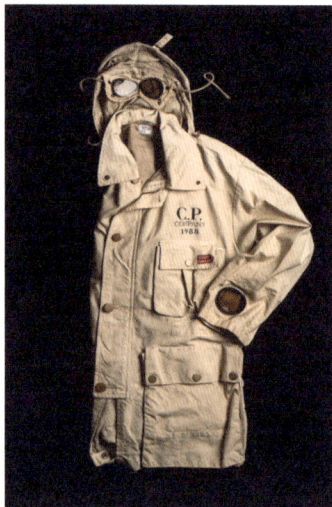

图1-30　护目镜夹克依然是时尚休闲的热销品，品牌：C.P.公司

四、与生活方式融合的日常综合训练装

户外气候、环境因素、人体热湿效应和动作姿态是户外运动装设计的关键因素，服装的层系统在以上方面发挥了关键作用。日常综合训练运动装为了保证用户运动时的舒适性也需要在环境、气候、温度等因素的影响下，运用层系统的方式进行穿用。因此，日常综合训练装也按照基础层、中间层、外层进行分类。

1. 贴身的基础层：运动T恤

运动T恤常见款式有无领或有领、长袖或短袖的T恤。运动T恤能够成为十分普及的运动装基础款有赖于体育明星和著名赛事的推动。例如著名的品牌拉科斯特（Lacoste），是众所周知的运动T恤品牌，此品牌1926年推出的网球T恤（图1-31）是由法国的网球冠军雷恩·拉科斯特设计的，这款有领运动T恤不仅可以用于网球赛场，也可以用于高尔夫等运动中。

20世纪80年代开始在欧美市场盛行的足球T恤（Soccer Shirt），既是各支球队绿茵场上必穿的比赛服装，也是球迷们在观看比赛时穿着的服装（图1-32）。

图1-31　1933年杂志封面的网球T恤，品牌：拉科斯特

印有喜爱的足球俱乐部标志和识别色彩的足球T恤是球迷们表达对球队支持的方式，这也使专业的足球运动装从运动场上走到了街头巷尾。

随着纺织技术的发展，运动T恤在材料和功能细节上有了更多完善。例如结合身体不同部位散热需要，可以使用一体织技术进行针对性设计；运用混纺功能性纤维、植物废料或回收废料等环境友好型材料能够提高产品的环保性；款式上利用易散热网面和挖空设计、背部的细节变化和提花纹理能让运动T恤更有时尚感（图1-33）。

图1-32 赛场上的橙色军团，荷兰皇家男子足球队

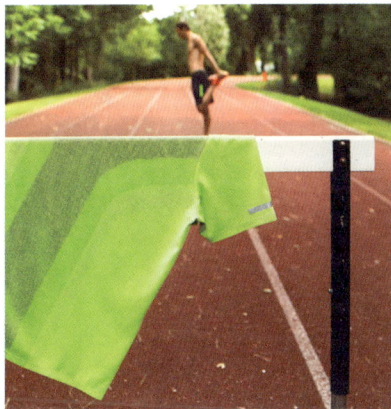

图1-33 一体织技术跑步快干T恤，品牌：耐克（Nike）

2. 贴身的基础层：运动紧身裤

基础层运动紧身裤（Legging）作为常备服饰，广泛应用于日常休闲、瑜伽、健身、户外徒步及攀岩等各类运动中。露露乐檬（LuLu Lemon），这个因瑜伽裤而起家的加拿大体育服装品牌几乎成了运动紧身裤的代名词（图1-34）。在2022年北京冬奥会露露乐檬为加拿大体育代表团设计了一系列开幕式的出场服让人耳目一新，得到了更多消费者的关注。

随着瑜伽、跑步运动的普及程度的提升，针对这一大类运动的紧身裤的设计研发也得到了重视。例如，冬季户外跑步的紧身裤设计时需要考虑既能对腿部肌肉给予稳定支撑，又能在冬季训练时防风雨，保持体温。在紧身裤的设计中，运用反光面料在可见度低的环境中可

图1-34 女子运动紧身裤，品牌：露露乐檬

以提供安全可视性（图1-35）。

随着人们对环境问题的关注，运动装采用环保材料的进程也大大提速，优质的运动弹力紧身裤采用了可回收或可降解的聚酯纤维和具备高品质回弹性的面料。贴合腰腹的板型，时尚的色彩、创新面料和工艺设计为运动紧身裤的整体造型制造了亮点，反光细节和隐藏的收纳细节设计都是必备的要素。相比传统的功能简单的运动紧身裤，新型设计可以与不同类型的上装进行搭配，实现在社交和生活场合中的快速转换。

2017年奥莫（Omorpho）公司在美国俄勒冈州波特兰市成立，开发了名为"重力（Gravity）"的运动装（图1-36）。这一系列紧身的负重运动装，有男、女款，产品的特点凸显了其商标MicroLoad的含义，指的是在运动装上的特定部位分布少量微小单元的重量。这样的设计能够帮助穿用者在更短的时间内提高训练的强度，锻炼身体的力量和耐力。

图1-35 运动紧身裤的腿部局部的支撑设计和反光的安全可视性设计，品牌：爱世克斯（摄于伦敦爱世克斯店）

图1-36 负重训练紧身运动套装，品牌：奥莫

日常综训运动装基础层设计需要关注以下内容：速干与散热性能，结合人体工程学进行贴合肌肉运动曲线的分割线设计，高可视性的反光设计，身体部位的支撑设计，环保可持续材料的应用，合理的收纳细节。

3. 保暖的中间层：运动卫衣

运动卫衣通常由长袖帽衫、圆领衫和运动卫裤组成，面料由传统的法式毛圈布与抓绒材料组成。帽衫（Hoodie）是运动装中最常见的运动卫衣，这个可以在低温气候里抵御寒冷的基础款最早源于中世纪的僧侣，僧侣们将兜帽加在长袍上产生出宗教意味浓厚的袍服。在岁月的变迁中，帽衫成为现代生活中不可或缺的一款中间层运动装（图1-37）。现代版的帽衫早期是运动品牌冠军（Champion）为纽约寒冷的仓库里的工作人员设计的，帽衫的帽子可以防寒，大大的插袋方便收纳随身物品。随着20世纪70年代欧美街头流行文化的兴起，身穿帽衫的青年群体又给帽衫带来了一丝不羁的色彩。随后，滑板和冲浪运动席卷欧美，使帽衫彻底融入了年轻人的休闲生活。如今无论是否运动，青年人都喜爱穿着帽衫，帽衫成为运动品牌、休闲品牌的必备单品（图1-38）。

图1-37 常规运动帽衫，图片来源：英国在线预测和潮流趋势分析服务提供商WGSN

图1-38 套头运动帽衫，设计：于季琦

4. 轻防护的外层：综合训练运动套装

综合训练运动套装是运动装中最常见的一种类别，通常是由长袖拉链上衣和运动长裤组成，材料上结合不同季节特点分别有防晒、速干性能或是轻度防水、防风性能。运动套装可以适用于多个运动类别和场景，有时成套穿着，有时也可以以单品形式搭配其他日常服饰穿着（图1-39）。运动的整体过程包含了运动前的热身、运动中的状态及运动后的休整状态。运动套装可以在运动前的热身环节尽快提高身体温度，也可以在运动后保持身体温度，让静止下来的身体不会因体温快速下降而导致不适。迪桑特（Descente）公司为瑞士铁人三项国家队设计研发的综合训练运动套装就需要满足热身、骑行、跑步三种不同运动状态的需要（图1-40）。综合训练服有时也以运动单品的形式出现，例如款式时尚的运动夹克，从板型和配色上更具有时装特点，也能和日常服装搭配出潮流感的造型（图1-41）。中长款的运动外套款式简洁实用，是抵御各种天气的理想长度。这类款式还能应对运动、通勤等各种场景，也成为日常综合运动装的一员（图1-42）。

图1-39　综合运动服装，适用于各类基础性综合训练，品牌：鸿星尔克

图1-40　为瑞士铁人三项国家队设计研发的综合训练运动套装，品牌：迪桑特

图1-41　时尚的运动综训外套与裙装混搭，品牌：拉科斯特

图1-42　简洁实用的中长款运动外套，图片来源：英国在线预测和潮流趋势分析服务提供商WGSN

第三节　运动装设计的新思路

以健康为前提，运动装用户要求更耐久且更具个性化的设计，希望运动装既可以满足日常需要又可以随时进行各种运动，因而用户会倾向选择灵活多用途的运动单品（图1-43）。运动装的设计尝试功能性材料与时尚外观相结合，在发挥运动装功能的基础上，满足包括运动的多元时尚生活场景的需求（图1-44）。

图1-43　都市与户外混搭风格可以满足不同场景的需要，品牌：耐克

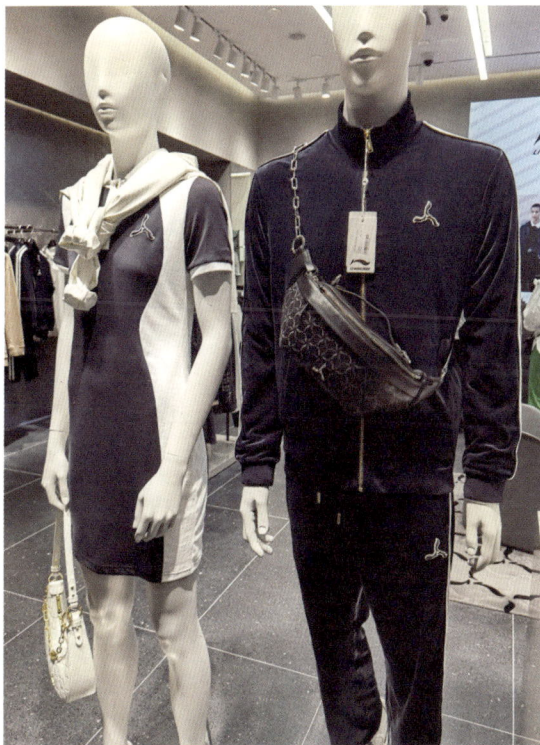

图1-44　运动功能性材料与时尚外观融合的时尚运动装，品牌：李宁1990

一、融合视角下的运动装设计

由于工作与休闲，线上与线下在用户的生活中不断融合，单一功能的运动装设计无法满足用户的需求，所以多功能、满足多场景需求和智能化面料应用是创新设计的方向（图1-45）。运动装智能可穿戴技术应用可以提升智能产品的体验感，可通过智能织物和配套传感器，将运动装与数字体验相结合，同时兼具快干、透气等基本功能。

无论是亲近自然疗愈身心，或是与家人在大自然中度假休闲强化情感交流，或是越野登山强身健体，户外运动都拥有大量的爱好者。用户们对如何让服装既能满足运动功能需要又能穿着时尚寄予了很多期待。"防晒、高街风格、机能风、机能鞋、军事、速干"等成为用户搜索的热词。功能性运动装如何适应多场景的需要成为设计创新的入手点。

1. 都市机能外套

由来自英国的孪生兄弟、设计师和运动员尼克和斯蒂夫·泰拜共同创立的功能性服装品牌沃利巴克（Vollebak），提出了为下一个世纪而不是为下一季而设计的理念。他们推出的产品在材料的研发上颇有创新，同时还专注于提升服装的功能性，推出了一系列技术创新及采用回收废物制成的功能性服装。

颇具特色的沃利巴克火星夹克在纺织材料上使用了一种用于保护士兵免受子弹和炮弹撞击造成的飞行碎片和弹片的强韧超轻材料。设计了立体的适合手臂大幅度运动的板型和考虑到失重因素的反重力口袋。这款服装还特别应对太空呕吐进行了细节设计。1961年，苏联宇航员盖尔曼·蒂托夫乘坐东方二号飞船升空，成为第一个在太空中呕吐的人，呕吐是人体的前庭系统（有助于保持地面平衡）在首次遇到重力不足情况时陷入混乱而产生的，因此称为太空病，或太空适应综合征（SAS）。这款火星夹克的反重力口袋里为此专门内置了一个呕吐袋（图1-46）。

图1-45 居家远程工作与运动休闲混搭的创意设计，设计：赵丽红

图1-46 火星夹克采用反重力口袋设计，品牌：沃利巴克

2. 多功能通勤风衣

多功能通勤风衣已经成为运动、休闲、通勤各种品类服装重点关注的产品。设计特点体现在以利落的外观和实用的细节取代夸张街头风。在夏季，多功能通勤风衣是防晒单品的重要品类，该风衣大都采用轻薄的质地结合防水、防紫外线等纺织技术制作而成。为了便于腿部活动，长款风衣应采用双向开头拉链，让下摆有更大的活动空间。视觉设计上，科技感的材料、强调功能的风格、落肩的款式和大廓型打破了风雨衣的传统样式（图1-47）。都市机能风的运动装品牌恩莎德沃（Enshadower）将实用功能与户外元素融入日常服装中，展示时尚个性的同时还能自由应对天气的变化，满足了日常通勤和户外运动场合的需求（图1-48）。

图1-47 满足通勤和运动多种用途的风衣，中华女子学院毕业设计作品

图1-48 多场景功能型外套，品牌：恩莎德沃

3. 运动束脚裤

运动束脚裤从基础款成为百搭的时尚运动款和时尚博主或明星们的热捧有关。将脚口做成束口设计，让运动裤整体显得干净利落又长度舒适，是保持全天运动的必备搭配。运动束脚裤通常采用耐磨、防水的面料制成，为方便，运动面料常含有一定的弹力纤维。运动束脚裤在脚踝处采用拉链来调节裤口大小，方便穿脱。立体贴袋的设计增加了都市时尚感，有些口袋设计还具有可拆卸功能，可以根据穿着的场合和心情随意转换。随着明快靓丽的多巴胺色彩的流行，运动束脚裤的色彩也更加丰富（图1-49）。

图1-49 运动束脚裤，图片来源：英国在线预测和潮流趋势分析服务提供商WGSN

二、可持续视角下的运动装设计

环境污染和资源紧缺是全球面临的紧迫问题，需要设计师进行反思：为消费欲望设计还是为需要而设计？从可持续发展的视角来看，什么才是真正的好设计？好设计的标准不仅在于设计的形式或功能的创新，还要看它是否能够满足用户的需要。慢设计理念的提出是对可持续性设计的一种回应，它认为设计师不需要不断花样翻新地进行设计，而是要针对用户的需求进行有针对性的设计，并通过测试和用户反馈不断调整和完善。

很多知名运动装企业做了大量推动可持续发展的尝试。美国户外品牌巴塔哥尼亚（Patagonia）是可持续时尚的领军企业。巴塔哥尼亚推出由回收塑料瓶制成的涤纶抓绒衣、运用回收旧衣而进行再设计都是可持续时尚的经典设计案例。在生产和使用有利环境的大麻纤维及可回收聚酯纤维方面，巴塔哥尼亚发挥了引领和推动的作用。跨国体育巨头耐克公司提出的"零运动计划"（Move to Zero）树立了企业的零排放、零废弃目标，目的是利用企业全球化的优势，从设计、制造、运输和销售各个业务环节，通过主动提出解决方案、推动可持续创新来保护地球环境（图1-50）。耐克飞织技术（Flyknit）的跑鞋与其他跑鞋相比，在生产过程中平均能减少约60%的废料，而且在轻质、透气、贴合度等方面的性能更加优秀。耐克推出全新服饰技术耐克前进（Nike Forward）工艺（2022年），面料由70%的再生塑料制成，生产过程中的碳排放量将比正常情况下减少75%。总部设在上海的斯诺兰（Snowline）运动用品公司有着个性化的可持续设计理念，例如设置移动修补站，不定期出现在城市、户外或雪场，为用户免费维修雪服，或者通过雪服回收再造项目将旧雪服改造成新物件（图1-51）。

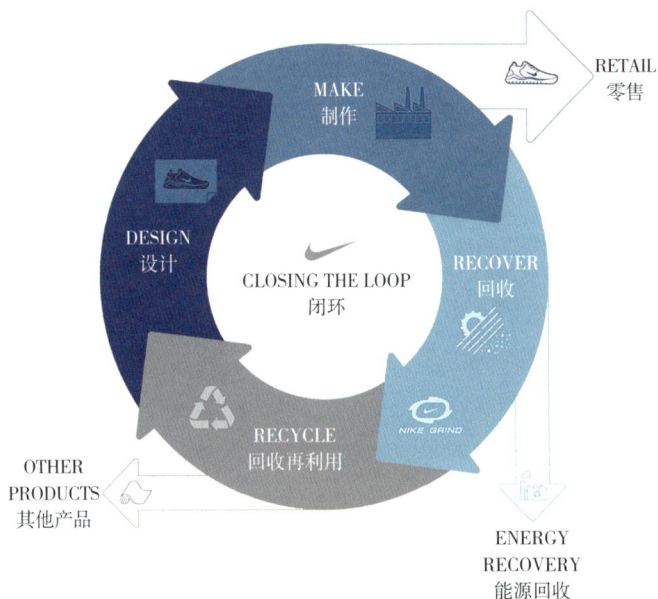

图1-50 耐克MTZ零排放、零废弃目标

图1-51 旧雪服改造成收纳袋，品牌：斯诺兰

三、女性视角下的运动装设计

1. 标志设计中的女性元素

橙色军团荷兰国家足球队一直是欧洲足坛的劲旅，如火一般热烈的橙色和荷兰皇家雄狮标志是众所周知的国家足球队标志。为纪念荷兰国家女子足球队获得欧洲杯冠军，2018年荷兰皇家足球协会首次将荷兰皇家雄狮标志重新进行设计。新的荷兰皇家橙色雌狮标志由维登＋肯尼迪（Wieden+Kenneddy）工作室设计。这一设计不仅代表了对荷兰国家女足的肯定，也包含了体育界对性别的包容及鼓励更多女性参与运动的寓意（图1-52、图1-53）。

图1-52 欧洲女子足球劲旅荷兰国家女子足球队

图1-53 荷兰国家女子足球队队徽为一头雌狮子

2024年的巴黎夏季奥运会和残奥会的标志是由金牌、奥运圣火和法兰西共和国的象征——玛丽亚娜女神共同组成。在奥运会标志设计的历史上首次出现了女性的视觉元素。巴黎奥组委方面称，玛丽亚娜女神体现了奥运会的精神，昭示了将奥运比赛带出体育场，带入城市中心的愿望。玛丽亚娜女神是法国人日常生活中的熟悉形象，她的形象出现在会徽上也表达了对女运动员的尊敬。

1900年的巴黎奥运会首次允许女性参加比赛，当时女性运动员能够参加的竞赛项目仅有网球和高尔夫，共有11位女运动员参加了比赛。英国女选手夏洛特·库珀获得了女子网球单打冠军。时隔百余年之后，2024年的巴黎夏季奥运会以"奥运更开放"为主题，不仅能够贯彻奥林匹克"更高、更快、更强、更团结"的格言，还融入"更包容、更友爱、更美丽"的时代精神（图1-54）。

2. 裙装成为时尚运动单品

调查表明，女性运动群体对能够展示身材的运动款式更有兴趣。在网球、高尔夫等传统运动中，女子喜爱穿着运动裙装；在瑜伽、舞蹈等女性广泛参与的运动中，女子也更乐于通过运动裙装展现女性的魅力。运动半裙和连衣裙成为展现女性自信的时尚运动单品，女性运动群体也希望运动裙装既

图1-54　2024巴黎夏季奥运会和残奥会的标志

能运动时穿着也适合休闲、办公等其他场景。因此可以适合多种场合的运动半身裙或连衣裙成为时尚运动单品（图1-55）。

　　运动半裙设计采用轻量、四面弹功能性材料，搭配便利的口袋等细节，满足用户的全天候需求（图1-56）。这种轻便、干练灵活的单品设计可折叠方便携带等功能。随着穿着者的工作和休闲场景的不断转换，运动短裙可以灵活适应办公场合和健身活动等其他场景。时尚运动半裙弥补了女性运动装备中的单调感，还可与运动紧身裤搭配，款式的多样化丰富了全天候运动（All Day Active）中的时尚造型。

　　运动连衣裙的出现为运动女装带来了全新视觉及功能体验，它可以适用于慢跑、通勤、综训、休闲等场景。运动连衣裙主要针对想要在舒适百搭的基础上打造女性运动风格的人群。纯色面料的运动装连衣裙通过运用抽绳或线迹的撞色实现对比，增加视觉亮点（图1-57）。可调节细

图1-55　时尚运动半裙，可以运动可以通勤，设计：陈安琪

节为运动连衣裙注入新意，弹力抽绳的位置可根据人体的结构来确定。户外运动风格连衣裙的口袋设计，提升了服装的功能性，既舒适又易于搭配，是适合全天候穿着的时尚运动单品。

图1-56 运动短裙的腰部设计细节，品牌：耐克

图1-57 运动连衣裙，图片来源：英国在线预测和潮流趋势分析服务提供商WGSN

思考题 (Question)

（1）选择一项具有一定普及程度的运动进行运动历史、运动规则、运动赛事、运动服装穿着规范和现有服装基本特征的调研。

（2）通过观察、试穿体验等方式了解运动装的款式、比例、尺寸及细节上的特征。

（3）测量一件户外风雨衣的各个部位数据，绘制出服装的正、背面款式图。

（4）通过对运动装市场的调研，介绍一款具有可持续时尚理念的运动装的特点。

|第二章|

运动的主体

人的行为难以置信的复杂，社会行为更是如此。我们必须按照人们的行为来设计，而不是按照我们希望他们应有的行为来设计。

——唐纳德·A. 诺曼

在第二章里，我们将通过了解不同世代参与运动的用户特征，来理解用户对运动装需求的差异，通过针对老龄用户的包容性设计案例分析来介绍运动装设计前期对用户进行调研的方法。

进行运动装设计时，首先就要思考为谁而设计，是谁在运动，什么是他们最关注和最需要的。不同的人群参与运动的目的不同，职业运动员需要高性能的专业运动装备进行训练并在赛场上一决高低；对潮流敏感的青年人喜欢穿着时尚风格的运动装实现运动与日常的无缝切换；以休闲运动消遣闲暇时光的人们选择运动与休闲风格相融合的运动装；户外一族对登山或滑雪服装的性能有着深刻的体会和专业的要求。也正是这些不同人群对运动各不相同的需求，使得运动装的类别、功能和风格不断发展变化，各具特色，丰富多彩。

第一节　不同特点的运动参与群体

近年来，Athleisure一词从时髦的创新组合词变成了人们生活中常见的词汇。由运动"Athletics"一词和休闲"Leisure"一词结合而成的Athleisure，意指兼具运动与日常需求的服装风格，恰如其分地指出了运动休闲生活方式的兴起，也意味着运动装成为人们日常服饰的一部分，并呈现了多样化、休闲化的趋势。然而Athleisure还不能概括所有的运动者，在热衷时尚运动潮流的消费人群中也呈现不同的需求和消费动机。那些热衷运动的全天候运动者对服装及装备的性能有着极高的要求，偏爱轻盈简练的款式及混合风格造型，让运动装能够在运动和非运动场所之间过渡自如；而热衷于在社交网站上随时晒着健身照片的蛋白质公主（Protein Pricesses）则把健身当作提升自身价值的一种投资，非常在意运动装的款式设计；热衷于运动服装的款式和品牌的街拍时尚一族（Fash Leisure）关注的是如何打造时尚的运动混搭造型，而运动装带来的舒适性能对他们而言是一种额外的"福利"。

一、了解用户特征和生活方式

1. 最受关注的群体——Z世代

Z世代是指1995～2009年出生的一代，在全球约有20亿人，他们正在成为全球最大的消费群体。Z世代也是各类运动的积极参与者，他们关注技术和文化的融合，注重体验感和个性的表达。Z世代的需求和兴趣将对运动装设计研发产生重要影响。在运动休闲服装领域，青年文化常常影响和引领着消费需求，关注流行趋势和产品的新技术是消费市场的共同特点，这种现象在Z世代消费群体中尤为突出。

社会学家和现代文化评论家们对青年文化的影响力有两种主要态度：第一种认为青年文化是一种原始的、自发的发展，它的根基来自大众阶层的日常生活；第二种则认为它是商业广告和媒体操作的结果。随着社交媒体、虚拟技术、人工智能等飞速发展并大量介入到青年人的生活中，科技因素在潮流中扮演了越来越重要的角色。很多运动装品牌注重将元宇宙、虚拟时尚与产品创新结合，同时也很重视可持续时尚话题，这些都体现出品牌对青年群体及其生活方式和需求的关注。

　　Z世代更重视健康的生活方式，热衷于参与各种运动，这已经成为全球化趋势。运动装与时尚全面融合，原本为运动而设计开发的运动装和运动鞋成为他们时尚街拍的必备单品，运动装与其他类型的服装混搭表达出新一代青年人追求健康、轻松而务实的时尚态度（图2-1）。

2. 极具影响力的女性力量

　　在全球范围内，体育锻炼成为女性全方面追求自信自律的主动选择。越来越多的中国女性积极参与到运动中，从侧面体现了全球女性在参与体育锻炼方面的变化以及她们的健康与审美观念的转变。根据京东研究院数据分析，2021年女性线上健身器材的消费远高于男性，女性购买体育服务产品的数量增加了8.4倍。各大运动品牌都针对女性运动群体进行了产品的设计研发（图2-2）。女性运动健身已不再单纯是减肥塑身，而是进一步提升形象气质的一种常态化方式。女性参与运动还被看作自由独立的象征，很多职业女性、母亲都积极参与到运动中，打造一种自律、健康、独立的生活方式。慢跑、普拉提和瑜伽等中轻度锻炼项目十分普及，滑板、路冲、飞盘等具有互动性和社交性的运动吸引了更多女性。户外徒步、滑雪等户外运动也拥有大量女性爱好者（图2-3）。女性运动群体还具有热爱运动同时热爱表达的特点，在各种网络平台上能够看到她们踊跃分享的美好运动体验，运动加自我表达也成为时尚的社交方式。

图2-1 功能性的风雨衣与正装的混搭，品牌：北面

图2-2 针对女性运动群体设计的运动装，品牌：安德玛

图2-3 女式双板滑雪连体服，设计：王晨晨

3. 注重健康生活态度而非苛求完美的中年运动群体

20世纪60～70年代出生的一代人如今已迈入中年并更注重身体健康了。这一中年运动群体对待健身、饮食和健康抱着更积极、更成熟的态度。在中年男性和女性运动用户群体中，户外、跑步和骑行运动的参与度最高（图2-4）。受到风靡一时的健身潮流的影响，越来越多的中年男性开始走进健身俱乐部，参与健身运动。数据显示健身房里35岁以上的男士比35岁以下的男士更多，他们旨在追求健康积极的生活方式，同时还关注健康饮食等其他保养方法。与参与运动的青年用户相比，中年用户更关注身体的健康状态而非追求形体的极致完美。他们在健身服装和健身设备上的消费，比年轻的健身一代更多。

图2-4 中年群体的运动观念更关注健康

4. 容易被忽略的银发运动群体

时尚界和运动装设计开发领域的目光往往聚焦于年轻一代，因为作为新兴的消费群体，青年人更关注时尚并乐于满足自身需求且具有更高的消费热情。运动装市场的主要目标人群基本上锁定在青年群体，并兼顾青少年的运动装备产品。但在设计研发上很少考虑到银发人群的需求。随着健康理念的变化，老龄运动用户的数量在不断增加，他们的购买力也在不断提升（图2-5），对运动装有自己的需求。相对于青年群体，老龄用户更加稳定，他们已经建立起对所钟爱品牌的忠诚度，以及适合他们个性、身材和审美习惯的服饰风格。

图2-5 热爱运动的老龄群体

伴随全球老龄化问题的凸显，运动装设计师与制造商都遭遇了老龄用户需求的挑战，正在增长的银龄市场也将给很多品牌带来新的商机。预计，英美两国，60岁及以上的人群将在未来十年推动50%的家庭消费支出增长。我国目前正处于人口年龄结构由相对年轻向老龄化转变时期，2021年，

60岁及以上的人口已经达到了18.7%，我国进入了深度老龄化的阶段。面临着巨大的老年人口，如何在设计领域满足老年人生活的各个方面的需求是一个紧迫的课题。

很多国家已经意识到老年人口对整个社会的影响，开始进行相关研究。只有对老龄用户的特点、需求及生活方式有充分的了解，才能开发出具有针对性和创意的新产品。由于老年人的生理、心理和行为习惯发生了变化，所以老龄运动装不仅要具有常见的运动装功能，还要针对老龄人的运动行为习惯、体型特点进行设计。智能可穿戴技术的应用能使产品具有健康信息监控、智能身体微气候调节、交流和锻炼信息记录等功能，在老龄运动装开发中具有一定潜力。

二、了解用户需求的调研方法

1. 常见的调研方法

通过问卷、访谈、视觉日记、视频录制等调研手段能够帮助设计师了解真实用户的特征、需求。找出具有典型特征和需求的原型用户，可以更有针对性地进行设计，从而满足用户需求。将获取的用户信息进行整理归纳并对用户特征进行描述，可以参考以下内容进行信息整理：

（1）用户的个人信息，如名字、年龄、性别、职业等。

（2）用户的兴趣和爱好。

（3）用户的生活和教育经历。

（4）用户的特征图片，如参与的运动、穿着的运动装图片。

（5）用户的细节特征描述，如参与运动的时间、专业级别，以及每次运动的时长、场地情况等。

（6）用户对产品的特殊需求。

2. 专题性工作坊

除了常见的问卷、访谈、视觉日记等调研手段外，产品设计中还采用一些很有效的用户调研方法，例如举办专题性的工作坊，一般邀请10~12名用户参与，共同分享和讨论对某一类产品的需求和建议（图2-6）。在运动装设计调研中，设计师也可以采取跟随式调研，与用户共同参与相关运动，在不干扰用户的情况下观察用户的习惯和使用产品的方式，或者和用户共同试用一种新产品或样品，听取用户的反馈意见，或者伴随用户一天，发现用户的生活方式和生活规律中未曾发现的特征或者需求。

第二节 包容的设计视角

诺曼在他的设计心理学中强调，我们必须按照人们的行为来设计，而不是按照我们希望他们应有的行为来设计，以用户为中心而不是

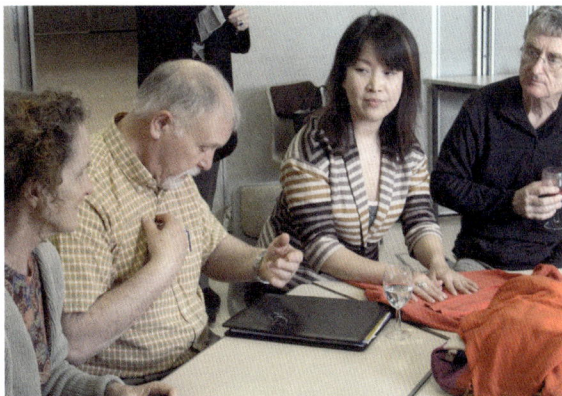

图2-6 设计前的需求分析工作坊，英国老龄功能性服装研发课题

以设计师为中心是一个需要一直提醒设计师的关键点。设计如何能满足用户需求，这需要用以用户为中心的包容性理念来引导设计。

一、以用户为中心的包容性设计

包容性设计也称为通用设计（尤其是在美国），包括以用户为中心的设计、以人为本的设计、人机工程学设计、无障碍设计、康复设计、适老化设计和适合不同年龄层的跨代设计等说法。包容性设计的理念是要确保环境、产品、服务和交互界面能够适应所有年龄段的人的需要。例如，与其专门把残疾人作为一个少数群体进行针对性的设计，不如探求设计的最大可能性，来确保产品可以适用于每一个人。

从设计实践到设计教育，时装设计都过于注重服装的造型设计，似乎服装只是为身材比例优美的人群设计，而缺少对生活中普通用户需求与特点的关注。以服装功能为基础的运动装设计借鉴了产品设计中"用户为本"的设计理念，运用学科交叉的研究模式能够为服装设计研究与实践带来更广阔的视野。设计师以包容的视角去理解各类用户的需求，包括不同体型、年龄、性别、宗教和文化，通过设计创新突破固有思维，让更多的用户拥有舒适、安全和美观的服装。例如：将电子可穿戴技术与服装设计结合，通过服装的款式与结构的设计将电子纺织新技术应用在服装上，扩展了服装的功能，提高了服装的舒适度，增加了服装的信息交流功能和保护的作用，为需要这种类型服装的运动员、运动爱好者、老人和儿童，以及在工作岗位上的人们设计出更能满足需要的智能可穿戴服装。

从服装功能的角度进行包容性的研究与设计实践更体现出运动装特有的以用户为中心的设计原则。运动装的包容性设计可以运用人口学、心理学、生理学进行交叉学科的用户特征研究，进而更好地设计和改进符合用户群体特点的产品。

二、运动装包容性设计案例

国际奥委会在《奥林匹克宪章》中"奥林匹克主义的原则"条款中有这样一段话："每一个人都应享有从事体育运动的可能性，而不受任何形式的歧视，并体现相互理解、友谊、团结和公平竞争的奥林匹克精神。"2016年的里约奥运会，体育在种族、形体、年龄、性别等方面展现了更包容和多元的一面。在这届奥运会上女性运动员尽情展现运动的魅力，她们直面运动赛场上的性别歧视，拒绝别人用年龄、外表、婚恋情况来定义自己，在打破了世界纪录的同时也挑战了旧有观念。

在里约奥运会上，面对年龄的挑战，里约奥运会赛马场地障碍赛58岁的英国运动员尼克·斯凯顿（Nick Skelton）获得金牌，比里约最小的跳水冠军任茜年长43岁。在运动员们的努力下，奥运赛场旧有固化的观念受到了挑战，禁忌被一一破除，新的规范更加包容，这对运动爱好者也产生了积极的影响。2024年巴黎奥运会提出"奥运更开放"的口号来鼓励更多的人参与到运动中来。2024年巴黎奥运会标志中出现的玛丽亚娜女神更是在鼓励女性积极参与运动。

1. 包容性设计案例：女性运动头巾（Hijab）

在奥运选手们的推动下，很多运动装品牌推出了轻盈、透气有弹性的运动头巾，让因宗教原因需要佩戴头巾的女性能够有更多机会体验运动的快乐。新加坡运动装品牌光芒（Glow）以包容的理念为所有女性能够自信舒适地进行锻炼推出了不同尺寸、色彩沉稳的运动女装和运动头巾（图2-7）。阿迪达斯在2021年夏季发布的全覆盖式泳装能够满足更广泛的用户群体的需要。采用快干材料制作的分体式泳装能够确保在水中和出水时的最大舒适度，游泳头巾还配有一个可调节的内帽（图2-8）。美国户外研究（Outdoor Reserch）户外运动装公司，推出的新产品活性冰（ActiveIce）运动头巾是为登山者、滑雪者和徒步旅行者设计的。这款运动头巾具有UPF 15的防晒功能，并在兜帽上为扎马尾辫的女性用户设计了开口。

图2-7 女性运动头巾，品牌：光芒

图2-8 全覆盖式泳装，品牌：阿迪达斯

2. 包容性设计案例：满足更多形体和尺寸的运动装

不同的人群对运动装有着各自的需求。市场上对青年运动爱好者和专业运动员的产品设计极为重视，但是对大尺寸群体、老年群体和儿童群体的运动装设计重视程度还远远不够。

不同形体和身材的人对美都充满渴求。在设计运动装时，设计师要考虑不同用户的体型特点，力求服装具有包容性。2016年，里约奥运会向公众推动了积极地认知与接纳自己身体的理念，引发了针对各种形体和尺寸的运动装设计开发的热潮。

美国超市巨头沃尔玛公司与设计师米歇尔·史密斯（Michelle Smith）和健身明星斯泰西·格里芬（Stacey Griffin）合作，推出了价格适中的无缝运动胸罩等功能性系列运动装，这一系列运动装共有121件商品，价格在12～42美元之间，有XS ～XXL尺寸来适应不同体型和尺寸的要求（图2-9）。另一家美国零售业巨头目标（Target）则在运动装官网上大量采用大尺寸模特来向消费者介绍各类运动装的性能，体现了对不同身材的包容理念（图2-10）。

图2-9　尺寸选择范围更大的运动装系列，品牌：沃尔玛

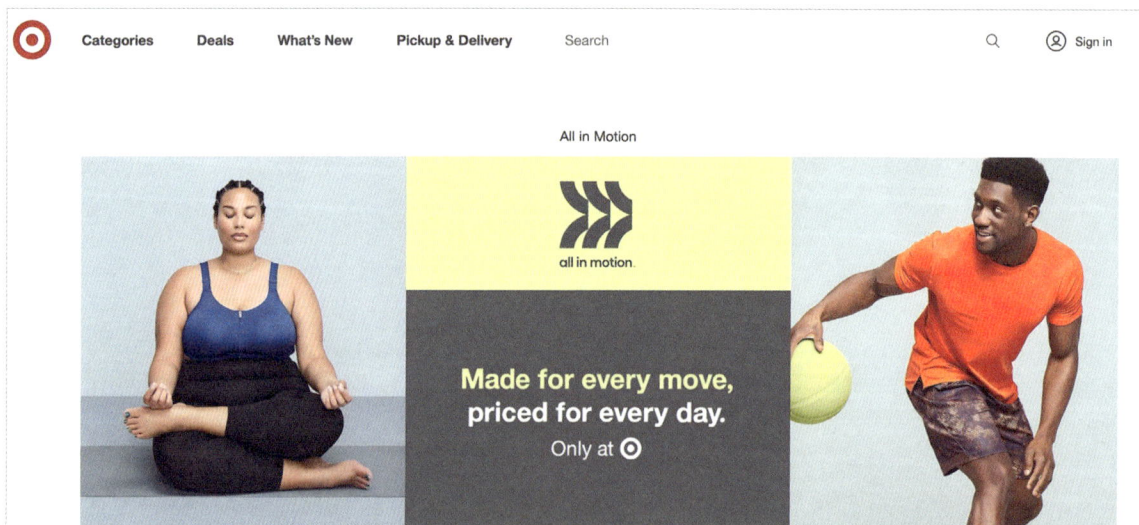

图2-10　在官网上采用大量大尺寸模特来向消费者介绍各类运动装的性能，品牌：目标

3. 包容性设计案例：家庭运动装

　　家庭旅行时或家庭成员共同参与运动时，用户更愿意尝试具有家庭识别度的运动装款式。从包容的角度出发可以为这类家庭设计系列家庭运动装以满足不同家庭成员性别、年龄、尺寸和审美的需求。满足这样的需求，需要服装的生产模式具有灵活的小批量定制能力。

　　美国户外运动品牌北面的MTY Pickapack防水外套是由北面驻日本孕妇系列产品的负责人永野真

子（Machiko Yono）为抚育幼儿的父母和孕妇设计的。这款防雨外套的设计具有适合亲子互动的特点，采用了可以容纳家长携带幼儿或孕妇的尺寸。款式功能设计上专门为孩童设计了可以看见家长的透明材质可视窗口，即使在雨中也能方便孩童和家长进行交流。服装采用两个前门襟拉链设计，方便用户灵活调节服装的容纳空间（图2-11）。

关注不同年龄和性别的包容性运动装设计也是中华女子学院服装与服饰设计专业注重的领域。在学校的专场毕业设计发布会上，展示了为充满活力的老年户外运动爱好者和儿童设计的户外运动装，通过明快的渐变色彩产生视觉上家庭的统一感，在功能细节上还添加了可以监测老人心率和定位的智能可穿戴装置（图2-12）。

图2-11 亲子防雨外套，品牌：北面

图2-12 为老龄和幼童设计的户外运动家庭装，设计：温红蕾

4. 无障碍设计

无论是残奥会上竞技的专业运动员还是日常生活中身体有缺陷的运动爱好者，都会因为身体条件的局限性需要进行有针对性的运动装设计。除了根据需要进行定制设计外，一些符合基本规律的残障人士的运动装开发也应得到设计师的关注。例如，为轮椅上的用户设计的功能性服装，设计师从包容的视角设计了方便穿脱、温度可调节、腰部和膝盖具有防护性能的服装。服装采用了柔和的色彩、精

致的细节设计和舒适的触感来增加残障人士的穿着审美体验（图2-13）。

第三节　英国老龄功能性服装设计研究与实践

　　包括中国在内的很多国家都面临进入老龄化社会的现实问题，设计师如何从包容的视角提出合适的解决方案，让社会更好地适应这一变化是一个有挑战性的课题。每一年龄段的用户在衣食住行的日常生活中都有共同的需求，例如：公共环境及服务、健康、交通出行、居家生活等，但是不同年龄段的人群各有不同的需求特点。设计师能否将所设计的产品及服务广泛地满足更多人群的需求，特别是更好地满足老龄化社会的需求是包容性设计所探索的领域。

　　包容性设计案例中的英国老龄功能性服装设计研

图2-13　轮椅上的运动装，设计：赵一

究是英国国家级科研课题——老龄功能性服装设计课题（Design for the Active Ageing），课题组从服装、技术和用户行为的多重视角进行交叉研究，在理论研究和设计实践中进行了探索性、创新性的尝试。

　　从研究模型中可以看到，老龄功能型服装设计课题的核心内容包含了行为研究、服装研究和技术研究（图2-14）。同时以用户建议为引导，运用了参与式设计（Co-design）的研究方法，把设计师团队与用户融合在一起，使设计师能够真正了解老年用户的生活特征、起居特征等需求，从而设计出有活力、更符合老龄用户心理和生理双重需求的运动装。课题研究的成果是一套智能穿戴的运动装层系统，它通过每一层的性能去为老龄人体进行温度调节、生理数据的监控并能满足运动中的需求。同时通过可穿戴的智能装备能够解决定位、接收电话、音乐播放及紧急呼救等功能需求。

图2-14　老龄服装设计研究模型，英国国家级科研课题

一、对老龄用户需求的调查分析

英国老龄功能性运动装设计是以包容性设计理念为引导，以对老龄用户需求的调研和分析为出发点，以满足用户需要为原则，综合运用服装设计的审美因素与功能因素的一种兼顾美观与功能性的综合性设计。

与常规的时装设计的观念所不同的是，老龄功能性服装是以了解老年用户的需求为出发点，这也与"包容性设计"的基本出发点相吻合。项目通过认真观察和体会老年人在日常生活中的行为、生活习惯以及社交等情况，了解传统习俗和文化对用户在挑选服装时所产生的影响，深入了解老年人的穿着需求。在设计实践中，用户的生活经验与穿着需求是设计的关键因素。项目通过工作坊的形式邀请目标顾客参与到设计过程中，共同分析老龄用户的服装需求，收集老龄用户的设计建议，提出解决方案。设计师总结出五个为老龄用户设计时需要考虑的要素：①合体性，关注身体对服装舒适性与防护性的需求；②社会性，关注生活方式与文化差异对服装选择的影响；③科技性，尝试新型可穿戴技术在服装上的应用；④易护理性，关注服装是否易于打理；⑤经济性，为用户提供合适的价格。

二、舒适与美观的和谐统一

影响穿着舒适感的心理因素包括服装的色彩、面料的材质、裁剪、比例和细节。服装的合体性同时兼具审美和功能因素，因此服装的外形、比例与服装的板型有密切的关系。在这个设计案例里，通过对系列服装的外形、款式线、色彩和服装细节的设计使服装达到舒适与美观的和谐统一（图2-15）。

在设计轻户外服装的外形和款式时，需要注重老年人的形体变化和体型的特点，使服装的外形和比例能够满足老年人的需求。设计师将运动装的功能性设计方法融入日常服装的设计中，使老龄轻户外服装混合了时尚休闲的要素，通过灵活的搭配来满足不同天气条件、运动和心理的需求。在设计案例中（图2-16），来自爱尔兰的设计师，在整体色彩设计上采用了来自爱尔兰岛上的岩石、植物和大海的色彩变化，服装系列中单品在色彩上可以和谐搭配，在款式上吸取了爱尔兰民间服饰的特点，体现了当地的传统文化和生活方式。可以看到，地域、文化特色是影响用户选择服装的因素之一。在此系列中，领子、纽扣、口袋等的款式细节设计都带有传统的爱尔兰因素，这种基于文化和传统偏好的设计考虑到了老龄用户的心理需求，赋予服装一种文化含义和自我身份的认同。

图2-15 色彩设计工作坊，国际色彩流行趋势预测专家在与老龄用户沟通色彩需求

图2-16 爱尔兰传统风格的轻户外服装系列，设计：简·麦坎

　　轻户外老龄系列服装设计是从基础层到防护层满足老龄用户功能与审美需求的全系列服装。系列产品回应了五个为老龄用户设计需要考虑的要素并具有以下创新点：用新型混合纤维材料替代沉重的传统服装材料；通过裁剪技术使服装更舒适，人体行动自如；通过灵活多变的服装层系统增加对季节与环境变化的适应性；包容与适应不同年龄与形体特点的需求；将爱尔兰传统、经典风格融入现代的服装审美中。

三、高性能纺织材料的运用

　　不同地域的服装穿着方式有明显的不同，这是因为受到气候和环境、居住环境和条件的影响。例如，海洋性气候具有多雨、多风、昼夜温差大等特点，使人们更加关注服装对环境的迅速变化的适应能力及对身体的保护能力。当运动时的体温不断调整和变化时，服装的适应性及纺织材料的调节能力尤为重要。在设计中，需要根据气候特征和地域生活特点，合理选择高性能纺织材料，并针对老年人对温度的特殊性需求将服装进行分层设计，材料的性能与不同层服装的温度调节功能相结合才能有效发挥面料的性能，满足穿着需要（图2-17）。

　　在英国健走与登山是老年人参与的最为普及的户外运动，因此对这类运动休闲服装的性能和设计都有很高的需求。为了适应户外运动时天气快速变化的特点，户外运动的着装方式具有特殊性，它是通过基础层、中间层、外层组成的层系统来调节人体温度与湿度的变化，并通过纺织材料的透湿快干、轻便保暖、防水透气等性能发挥对人体的保护作用。从服装基础层的吸湿透气，到中间层的保暖功能，再到外层的保护功能，为老龄用户提

图2-17 设计师在对智能可穿戴产品进行分析

供了一个可以灵活调整的多功能服装层系统。

四、以老龄用户的形体数据为研究基础的板型设计

面对快速款式变化的快时尚潮流，用户似乎拥有了更多的选择，但是规模化生产和低廉的价格使这些服装采用较为笼统的标准号型。事实上，每一个用户与标准的号型都有或多或少的差异，很难找到真正合体的服装。由于快时尚流行造成服装的更替速度越来越快，服装越来越廉价，服装行业难以对穿着者的尺寸与形体给予足够的关注，所以老年用户的尺寸与形体特点就更加被忽视。对用户尺寸与形体的研究关系到服装的裁剪与工艺设计及服装的美观性。课题在设计前期着重对老年人的形体和尺寸进行研究，运用三维人体扫描技术收集整理老年用户的静态形体数据，选出有代表性的老年男、女用户形体数据转化为基础板，再结合动态人体的特征进行板型设计。在静态人体服装板型调整的过程中，通过活动量的加放、结构线的转移等立体裁剪方法让服装能够满足人体在手臂上举、肘部弯曲、跨步、臀部及膝盖的动态时的需要，使服装在合体美观的前提下，保证人体运动自如。

思考题（Question）

（1）关注不同年龄群体的用户特征，以包容的设计视角选择与自己不同的年龄用户群体进行调研，可以采用问卷、访谈、视频录制等调研方法。

（2）通过用户调研，总结出目标用户群体在参与运动时的着装体验和评价及对运动装设计的建议。

第三章

影响运动装设计的功能因素

运动装设计是以满足用户的需求为出发点，融合人体运动生理研究、纺织技术、运动板型开发及运动装款式设计等诸多相关联的因素，针对运动装的审美与功能而进行的设计实践。设计师需要对影响运动装设计的功能因素有深刻的认识。

——简·麦坎

英国运动装设计研究生课程创始人

英国设计教育创新奖获得者

运动装设计与时装设计有哪些不同？需要对哪些相关要素有所了解？什么是运动装之美？靓丽时尚的款式设计是运动装应具备的审美要素，满足运动需要的功能要素则是运动装的必备要素，因此运动装设计时需要赋予其合理的功能，同时兼顾审美的需要。运动装之美是集效能、外观与触感于一体的综合之美，是满足穿着者生理和心理双重需要的功能之美。运动装的功能之美体现在：适合人体运动，在为人体提供保护等功能的同时，还要带给用户舒适的穿着体验。本章我们将通过不同类别的运动装设计案例来分析梳理影响运动装设计的功能因素。

第一节　人体对运动装的影响

运动装设计首先应研究运动人体的形态和运动的生理规律，针对运动人体工效学和人体的运动需求，以为运动者提供舒适性和保护为出发点进行研究与实践。理解人体对运动装的功能需求，能够帮助设计师从功能的角度设计出更加舒适合理的运动装。

运动装的舒适性可分为生理的舒适性和心理的舒适性。这些因素和运动时身体的需要、运动的环境及特点密切相关。人体在进行运动时，生理舒适性和服装的吸湿性、透气性、保暖性、柔软性、伸缩性、重量等因素紧密联系。心理上的舒适感和运动装的合体度、色彩、款式、抗皱性、挺括性、易护理性、手感、运动时穿脱的方便程度及与环境的适合性等因素相关联。在设计时这些是设计师要着重考虑的功能因素，见表3-1所示。

表3-1　影响运动装功能性的相关因素

运动环境与人体的需求	运动状态下的人体尺寸与形态变化	运动装结构与缝制工艺
运动环境因素、人体热湿效应、服装微气候	以运动姿态的测量数据作为依据进行研发	结合运动需要进行运动装细节的人性化设计
运动装要适应运动的前、中、后身体的状态，运动中肌肉的压力感知	关注专业运动员形体、比例与普通人形体、比例的差异	以运动的人体姿态为依据进行动态板型设计
运动装为人体提供的舒适性与防护功能	依据人体运动时的姿态进行相对应的结构分割设计	满足运动需要的牢固性、弹性及易护理性的工艺设计

一、了解运动中的身体

体育专家将运动基本分成了力量表演型和乐趣参与型两大类别。力量表演型运动顾名思义是指竞技性运动，是以追求更高、更快、更强为目标的专业性运动（图3-1）。乐趣参与型运动是强调人的参与性、大脑与身体的协调、运动与环境之间的关系，是一种参与度更广泛的运动。力量表演型的运动追求更优异的成绩，对运动装的科技含量提出了很高的要求，而乐趣参与型运动重在感受运动带来的身心健康，对服装的舒适性及美观性提出了很多具体的要求。所以无论是技术创新，还是满足大众的需求，在以健康为核心的当下，用户对运动装都有了更高的期许，这就要求设计师深入了解运动时身体的功能需求，掌握功能性面料特征和工作原理，还要紧密围绕运动的姿态进行板型的研究。

图3-1　奥运田径赛场也是运动装备科技研发的赛场

　　运动前、运动中、运动后身体的感受和变化有很大的差异，需要仔细感受不同阶段身体的需求。身体的温度、湿度、肌肉的放松或紧张程度、身体的柔韧程度、运动中身体的变化都需要设计师进行考虑。设计师要学会感受和观察身体的信号，理解运动中身体的需求对运动装设计至关重要。

1. 运动人体的热湿效应

　　人体舒适的温度范围通常是18～24℃，在这样的温度条件下，即使全身裸露，也会感到舒适。如果温度过高，散热功能就成为衣物的重要功能，相反温度过低时，保暖功能就非常重要。即使在日常行为情况下，人体皮肤表面也会不断进行水分的蒸发，如果气温上升，通过蒸发散发的热量就会更多。不仅如此，由于吃饭、劳动而产生的剩余体热也是主要通过蒸发水分来进行的。

　　服装对人体运动热湿效应发挥的调节作用包括：保温与散热、蒸发与换气。在运动时，服装的蒸发散热作用非常关键。服装需要能够很好地吸收从皮肤表面蒸发的水分，又能快速地散发，而且具有适当的透气性来促进蒸发，才能保持体感舒适。穿着吸湿性或透气性差的衣服，衣服内的空气不断地被皮肤放出的二氧化碳和其他皮肤呼吸物所污染，妨碍了蒸发散热，衣服内湿度上升，就会体感不适。运用材料的透气性、服装结构以及穿搭组合方式进行调配能够提升服装的透散热气性（图3-2）。

2. 服装微气候对运动人体的调节作用

服装的微气候是服装介于人体与环境之间，通过调节皮肤的散热量，使体温处于舒适范围，形成的局部小气候。服装与运动的人体共同形成了微气候，其状态影响了服装的舒适性。人体运动时产生大量的热量使人体—服装—环境之间产生了热湿传递，这个动态的过程，也叫服装微气候热湿传递过程。运动装材料的透气性能够帮助服装进行换气，同时服装结构中的腋下透气拉链、透气网布拼接、下摆、袖口、领口等透气结构能够提高服装的换气调节作用（图3-3）。冬季的服装材料透气性相对较小，有利于服装的保暖，夏季的服装材料透气性较大，有利于人体热量的散发，使人体感觉干爽舒适，但要有适度的保暖性。迪桑特的跑步装运用速干透气的网布针对人体后背散热部分进行了设计，采用针织大孔速干网布与梭织小孔速干网布结合的设计方案，并从安全可视性角度设计了后背反光条（图3-4）。

图3-2 女子运动背心，服装材料透气性好有利于人体热量的散发，品牌：露露乐檬

图3-3 瑜伽裤的散热设计

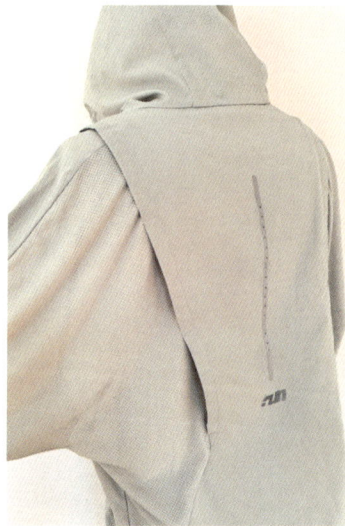

图3-4 针对腋下和后背出汗进行的散热设计，品牌：迪桑特

二、面料的服用性能需求

在奥运会竞技场上可以看到很多高科技的运动装备，比如散热吸汗的跑鞋、模拟鲨鱼皮肤特点和利用空气动力学减少风阻的运动装，以及高温下能够让运动员保持凉爽的运动装。这些都依赖于纺织技术的创新，高科技功能性纺织材料给运动装设计师提供了很好的技术支持。

设计师在设计中认真地感知运动的身体，观察运动前、运动中、运动后人体的感受和变化，会发现三个阶段的身体状态有很大区别，运动前需要进行热身，运动中身体需要保持舒适的温度和湿度，运动后需要保持静态的身体不失温。运动装面料服用性能就是结合了身体的不同状态对运动装的需求进行开发的。

1. 舒适性需求

外层的运动外套需要具有抵御寒冷、雨雪大风等外部环境影响的性能。防水、防风并透气的运动外套能给用户提供防护和舒适的穿着体验。服装材料的防水透湿性与人体穿着时的舒适性关系密切。材料需要防水、防风的同时，具备良好的透湿性，保证人体的汗气排出体外。因此防雨防风的户外风衣和滑雪服有专门的服装透气口。运动装的贴身层和中间层也需要具有很好的透湿、透气和速干性能。织物是否能够传递身体的湿气（气态）与汗水（液态），并快速排干，保持身体干爽的能力，是影响穿着舒适感的关键要素。

皮肤具有良好的伸展与回弹性，在身体伸展时，可达到20%~40%的伸展率，当身体恢复静态时，又具有很好瞬间回弹性。运动装作为运动人体的第二层皮肤，当然也需要很好的伸缩性能。由于从事各种各样的体育运动，人体各部位运动的剧烈程度、活动范围不同，对服装各部位的伸缩要求也不一样，因此服装材料的弹性要能够满足不同运动项目的要求。面料的拉伸性及回弹性是能否灵活适应身体运动的各种姿态的关键性能，拉伸性能可以防止服装对运动姿态的阻碍，回弹性则让服装不易变形。

服装的支撑性可以对运动中的身体需要支撑的部位给予一定的支撑，例如给胸部、腰部、腕部和脚踝带来防护功能。

材料的手感和重量直接影响用户的穿着舒适感，应结合运动需求进行相对的材料选择（图3-5）。织物的手感不仅与运动时舒适感有很大的关系，也影响到服装的造型和保形性。例如，防雨雪的户外夹克或者滑雪服的表面采用防水光滑的面料，但口袋内衬则采用绒面质感的面料给手部提供柔和的手感和保暖的效果；高尔夫服装在材料挑选时也会关注面料在摩擦时是否有刺耳的声音，这些细节的关注度能够体现出设计师对运动装舒适感把握的程度。服装的重量时常被人们所忽视，但是当人们运动时，服装是否轻便会直接影响到人的舒适感受。当人着装时，服装的重量会主要集中在两肩和腰部，人体在运动时如果运动活跃的部位受到过度的负荷，就会妨碍呼吸和血液循环，身体将会产生疲劳感和束缚感。

图3-5　手部舒适感好的轻便保暖功能型抓绒材料

2. 保护性需求

材料根据运动的外部环境条件需要具备防护功能，例如：防水、防风、保暖、防紫外线等功能；对高强度对抗性运动需要提供防撞、防割伤等防护功能。

运动过程中，大量的运动姿态对面料的耐用性有多方面的需求。运动装穿用时抗皱、防勾丝及不易变形等性能都需要在选择面料时进行考虑。例如手肘、膝盖等部位就要求面料具有很好的牢固性，保持服装的形态。磨损是运动服装面料损坏的主要原因，具有高频率重复姿态的运动要求面料具有极好的耐磨性能。设计师会为服装的肩部、肘部、臀部和膝盖等部位挑选耐磨材料，并采用加固的缝制工艺。

在激烈接触的竞技性运动中，需要穿着具有防撞、防割伤功能的运动装已经成为常识。随着体育运动的发展和极限运动的进一步普及，竞技性运动对身体造成的损害风险越来越严重，因此运动装的防撞性能也需要被重视。聚氨酯泡沫等开孔泡沫类材料具有柔软、可压缩、质量轻的特点，能够给运动员在保护的同时提供更多的灵活性（图3-6）。例如聚氨酯泡沫材料在静止时保持柔软状态，在受到突然的冲击或者高度压力时，具有优异的抗压缩形变性能。

具有抗撕裂、防割伤等防护性能的材料早期用于军装、警服，后推广到民用服装领域。摩托车赛车等高危险性极限运动就需要服装具

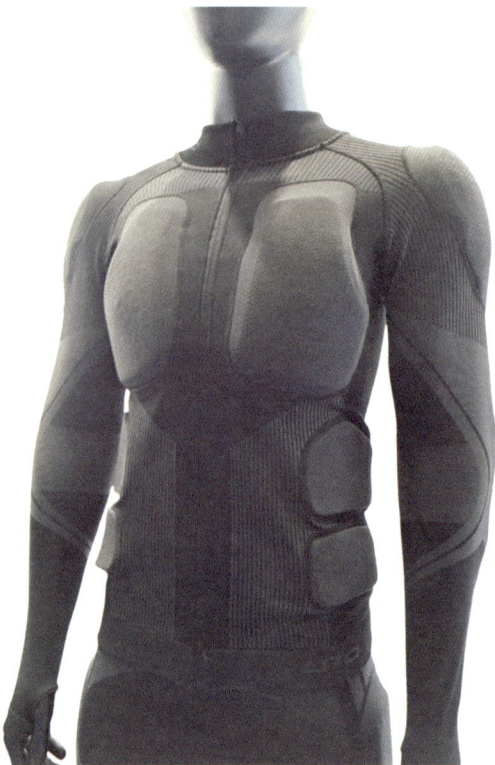

图3-6 有防冲击护垫的设计，品牌：UTO

有很好的抗撕裂、防割伤、耐高温性能。著名的芳纶纤维凯芙拉（Kevlar）可以为用户提供较好的抗撕裂、防割伤等保护。

3. 易护理性需求

运动装需要具有穿着、洗涤和保管时的便利和易护理性。运动装的材料要具有抗菌防异味、不易起皱、洗涤后速干、不掉色、洗涤方法简便易行的性能。运动出汗后的湿热环境是细菌和真菌繁殖的温床，容易产生衣服异味，特别是在不具备更换服装和尽快清洗的条件下，如何除臭、抗菌也是运动装研发的重点。由于银具有强大的抗菌性，能够抑制细菌和真菌的繁殖，很多除臭抗菌材料都将银通过纳米技术对纱线或是织物表面进行处理。瑞士舒乐纺织公司（Schoeller）的活性银技术（ActiveSilver™）将银盐永久固定在纤维和纱线中，抑制细菌和真菌繁殖，减轻异味。赛森特公司（Sciessent）的阴离子活性面料（Agion Active™）、舒乐纺织公司的防污（NanoSphere™）面料都具有防污抑味性能。

三、身体分区定位设计

人体运动时是以一个连贯的组合性的运动姿态出现的。以瑜伽的体式为例，人体的姿态呈现出相对复杂的组合动态，例如人体大幅度的弯曲，体侧的扭转，同时两个手臂展开做出拉伸的姿态。这样组合性的运动姿态要求运动装要更好地适应运动姿态的特点。结合动态和肌肉运动走向进行服装的结

构线设计，尤其是针对特定身体部位给予支撑时，每一个裁片所在的位置是否符合动态人体活动轨迹就十分关键。运动装的结构线需要根据动态的特征进行布局，结构线的位置也要满足运动中肌肉运动的动态需求。

在合理的动态板型基础上有针对性地挑选对应的材料，最大程度上发挥材料的潜力，让每一个裁片的材料都能够在正确的位置发挥最大的效能。运动身体的关键肌肉部位的材料要选择具有高支撑力性能的材料，结构线的缝合部位应符合人体结构特点。设计师在深入了解运动中的身体变化后，才能够运用科学的设计方法、合理的功能性材料和制造技术设计出满足人体需要的运动装。

1. 肌肉的感知

肌肉的放松或紧张程度也会影响运动装的设计。运动中的身体通过紧的感觉提醒人体肌肉被支撑的感觉。在需要支撑的部位运用紧致而且服帖的材料，能够通过出现的压力使肌肉产生被定位和支撑的感知。曾经称霸泳坛，帮助运动员打破多个游泳世界纪录的鲨鱼皮泳装（LZR）其实是一种模仿鲨鱼皮肤制作的高科技泳衣，即通过压力来固定和支撑身体肌肉，减少水中阻力而提升游泳成绩。这种泳装在被国际泳联禁用后，竞赛泳装的研发依然沿用身体分区定位（Body Mapping）的

原理，阿瑞娜公司在泳装材料中加入了碳纤维增加泳装对身体的压力，速比达（Speedo）公司设计开发的鲨鱼皮三代泳装对人体分区域进行压缩，并在需要延展的部分增加莱卡含量来减少运动阻力。

设计师要掌握身体在运动时的温度、湿度、肌肉的放松或紧张度的变化，也需要关注在运动中肌肉的拉伸和身体尺寸的变化。设计师同时要了解材料具有哪些对应的功能，正确选择并合理使用这些高性能的材料，借助纺织技术，让设计发挥作用（图3-7）。

2. 无缝一体织对运动中身体的压力与支撑

为运动时的人体提供足够的支撑，需要对给予运动压力的区域进行局部设计，令腹、臀、大腿等人体肌肉组织感觉到支持和安全。结合人体运动中的湿热变化和肌肉的感知，运用身体分区定位、智能布局的无缝一体织

图3-7 冬季跑步外套，结合人体结构进行分区设计，品牌：耐克

技术能够有效满足运动中的人体不同部位的需求。设计中针对人体不同区域进行区分，在需要强化或者弱化的部位给予相对应的设计，同时也能减少人体运动时缝份对运动产生的阻碍和摩擦。无缝一体织技术提升了很多运动产品的性能和舒适体验，瑜伽服、跑步服、滑雪服的贴身层都广泛采用了此技术（图3-8）。设计师将专业骑行服的功能设计引入非专业骑行服中，使用创新技术来防止骑行爱好者的肌肉劳损和拉伤。紧身裤通过材料给予的压力促进肌肉群不断被激活，能够帮助运动后的肌肉更快恢复，例如由塔克（Ultracor）压力紧身裤（图3-9）。

图3-8 运用身体分区定位原理的无缝一体织运动装，品牌：凯斯（Kith）

图3-9 压力紧身裤，品牌：由塔克

　　设计师有针对性地将无缝一体织技术与人体运动需求相结合，有规划地开展设计。在人体需要强化和支撑的部位进行强化设计，在人体发热和排汗区域进行散热速干设计，根据功能需要选择不同性能的纱线实现预期的设计。奥地利著名内衣品牌沃尔福特（Wolford）与阿迪达斯合作，为用户设计开发的无缝一体织健身服（图3-10、图3-11），专注于为身体提供舒适和支撑性能，无缝一体织成的健身服就像人的第二层皮肤，贴合而有弹性，并具有不同的分区功能。

3. 运动后身体的放松——修复服装

　　运动装设计需要关注用户在运动前、运动中和运动后不同阶段的需要。运动后的人体处于放松阶段，需要轻便、自如的服装。针对放松阶段身体的需求，服装要尽可能为身体提供足够的空间和轻盈的体感（图3-12）。

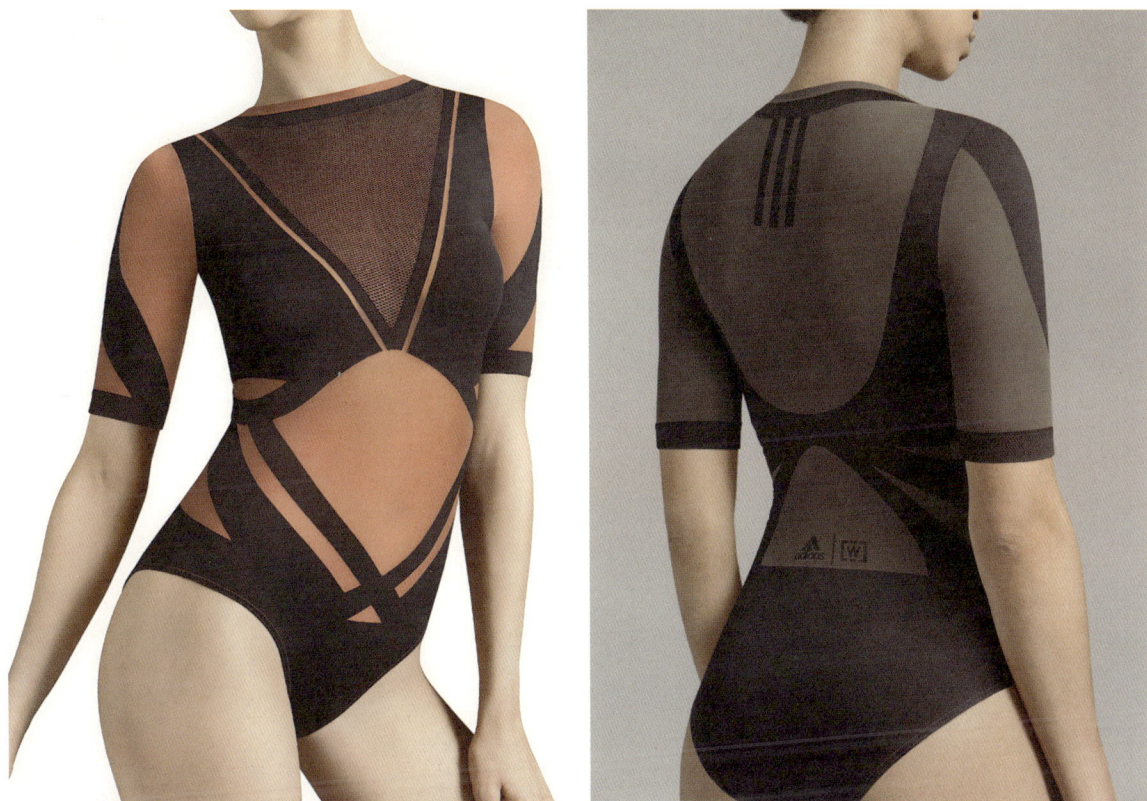

图3-10 沃尔福特与阿迪达斯联合研发的春夏季无缝一体织健身服

图3-11 沃尔福特与阿迪达斯联合研发的秋冬季无缝一体织健身服

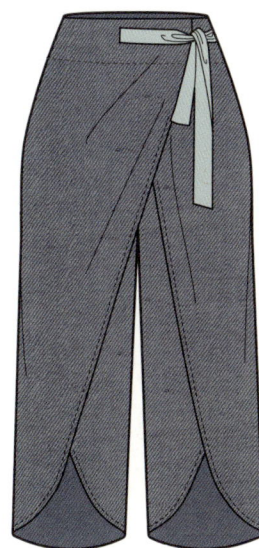

图3-12 运动后放松状态下的服装更适合选用天然成分的织物及宽松的轮廓，图片来源：英国在线预测和潮流趋势分析服务提供商WGSN

四、符合运动特征的动态板型

人体是由复杂的曲面形成的，服装特别是运动装的板型应该适应动态时的人体。例如，一条在人体直立时非常合体的裤子不能满足滑雪、骑行等运动腿部弯曲动态的需要。虽然面料的弹性能够提供一定的活动量，但是服装的结构设计是解决动态需要的主要手段。

合体美观又要运动自如是运动装设计的第一要素，因而设计师需要充分了解人体的动态特点。与时装设计的静态测量有所区别的是，运动装的合体性是建立在运动状态下人体的测量基础上的。设计师要充分了解人体的动态特征，并对主要动态下的人体进行测量。例如，手臂高举呈攀爬姿态时的袖长就和手臂静态下垂时的袖长在测量数据上有很大的区别；骑行时与划皮划艇时，由于手臂姿势不同，测量的袖长数据也不同。要设计出符合动态特点的运动装，需要设计师通过理解动态变化来把握服装的尺寸和形态特点，并在样衣上进行反复的动态测试（图3-13）。

早期功能性服装的研究主要集中在军事服装和运动服装上，例如3D制板方法，是为了解决运动

图3-13 运动装设计课堂上对滑雪服装的板型是否符合运动姿态要求进行测试

中人体对服装要易于运动的需求，是以动态的
人体为参照运用立体裁剪的手法进行的。在运
动装的板型设计上，尤其是围绕服装的袖子、
裤腿和腰臀等部位具有适应运动生理弯曲的特
点。例如摩托车骑行服、滑雪服和登山服的袖
子肘部和裤腿膝盖的板型具有弯曲的特点，需
要在板型上给予一定的活动空间（图3-14）。运
动的生理弯曲结构设计被大量应用在服装的肩
部、袖子、臀部和腿部设计上（图3-15）。为
专业登山运动员设计的夹克，其袖子可180°
上举，通过特殊的裁剪方法增加袖子腋下的活
动量，使手臂可以运动自如而衣服的下摆却不
会随之抬起（图3-16）。由于骑行姿态的前倾
特点，骑行装的下摆具有明显前短后长的特征。
考虑到动态身体的前倾特点，户外徒步和滑雪
服装的下摆板型也采用了前短后长的设计。

图3-14 在设计袖子板型时，为便于肘部运动，通过增加
省道来加大活动空间

图3-15 满足手臂活动姿态和肘部弯曲的袖子板型设计

图3-16 外套满足手臂运动姿态，运动裤满足下肢弯曲伸
展的运动姿态，品牌：安德玛

五、尺寸与形体因素

适合的板型具有优化形体外观的功能，能够更好地展现着装者的精神面貌。体态健康优美的专业运动员，对运动装是否能够在设计上更美化身材并不十分在意，反而更关注服装的防护性能和舒适性。而广大用户则希望运动装既能满足舒适和防护的性能，也能通过巧妙设计来美化自身的外观。

设计师需要认识到参与运动的人群是非常多元的，有职业运动员也有体育爱好者，他们的身材轮廓、比例、肤色、年龄都有很大的不同。不同的种族、性别、年龄的用户在参与不同的运动时会对运动装有不同的选择，合体与美观是最基本的需求。对用户尺寸与形体的研究关系到服装的裁剪与工艺设计及服装的美观性。

为了适应不同群体对运动装的需要，运动装板型的设计需要针对不同人群的体态特征进行开发。例如与年轻的运动人群相比，老年人身体的脂肪更容易堆积在后背、腰、腹部，而四肢缺少肌肉，如果在运动装设计时板型忽略了这些特点，就会出现运动时不合体的不适感。同理，设计专业篮球服，身高2米的职业运动员和篮球爱好者的差距一目了然，因此设计师需要了解参与运动的不同群体在身体的尺寸和形态上的差异。只有充分了解这些差异，才能让设计更符合不同用户的需求和特征，给不同的人群、不同的身体特征带来舒适和合体的运动装。一些瑜伽服创新品牌专注于从设计的包容性出发，为不同体型特点的用户设计合体舒适的运动装，特别是大尺寸用户群体（图3-17）。

图3-17 大尺寸运动装，品牌：露露乐檬

第二节　换个角度的设计：从功能需求中找灵感

日常生活中，人们选择服装的一个重要因素是舒适性。一件服装如果能满足人们对舒适的要求，其设计就是一个不简单的设计。运动装所具有的产品属性，要求能够满足用户的运动需求。这样的产品既是功能上有科技含量的，又是形式上吸引人的。其中的功能和审美要素，需要设计师进行判断，来把握各要素之间的平衡。运动装的功能需求复杂多样，以及丰富的运动类别和复杂的运动环境，都要求运动装在功能设计中将环境因素、运动的特征和身体因素放在核心位置。

进入21世纪20年代，随着环境污染的日益严重、自然灾害的多地频发、病毒的不断变异以及战争、经济格局的不断变化和科技的飞速发展，人们的生活方式及对待健康和运动的态度发生了很大的变化。因此运动装中的功能要素更加受到关注，高科技防护性面料、可持续环保材料、模块化设计都成为运动装设计的重要手段。

一、抵御多变天气的多功能户外装设计

具有防风雨性能的多功能户外装已经非常普及，评价一件多功能的户外运动外套的性能优劣，需要在设计上关注这些要素：材料的合理运用、服装的动态板型及专业体贴的细节设计。功能性运动装面料运用的合理性是设计的基础，需要设计师具有相关的专业知识。服装的动态板型是否易于运动是考验服装功能的关键。运动中，手臂的抬举、躯干的弯曲以及腿部的跨、蹲、跪等动作很频繁，因此需要采用三维（3D Cutting）的裁剪技术来保证身体在运动状态下的无束缚感。细节设计对保证服装的舒适性和防护功能也不能忽视。合理的口袋、双开式的衣服拉链、方便头部转动的帽子、防风雨的可调节袖口、防雨水溅入的下摆等细节都需要慎重考虑。以下设计案例都是基于运动装功能需求而进行的创新设计。

1. 抵御风暴的户外防风雨外套

专业的户外防风雨外套具有灵活多用的功能和防护性能的面料是关键。虽然一件高性能的多功能户外夹克价格不菲，但是它所具有的功能能给用户带来舒适和防护。多功能户外夹克需要具备轻便简洁、防风防雨等基本特点，通常在腋下设计透气拉链以增加服装的透气性，且全身均采用防水拉链。户外外套的一些部件可以拆卸，如可拆卸的帽子，可以根据天气情况进行调节以达到减轻服装重量的目的。

胡迪尼（Houdini）是欧洲代表性环保户外运动装备品牌，其开发的中长款多功能外套能够抵御风雨雪等恶劣天气的侵袭。为了能够适应都市和户外多场景的需要，服装采用了环保材料，廓型简洁，色调雅致（图3-18）。在服装的环保理念实施方面，采用了以下几个方法：以高品质的面料和可修复的设计来增加产品的耐穿性，运用可以循环回收和二次利用的材质，使用可替换或可拆卸的辅料和装饰，并为用户设置了衣服不再使用后可以循环回收的服务，用户还能够通过服装上的信息了解环保设计理念。

图3-18 户外都市皆适用的全天候功能外套，品牌：胡迪尼

2. 多功能保暖背心

　　户外运动中极端天气和温度湿度的迅速变化会给运动者带来一定的风险，因此户外运动装在防风、防雨雪、透气等性能方面领先其他类运动装备。随着运动类别呈现丰富和融合的趋势，户外服装与跑步服装的混合功能设计成为产品设计创新的入手点（图3-19）。耐克公司开发的户外跑步外套和运动背心采用了超轻材料和羽绒进行填充，能够使运动者在户外天气多变条件下长时间感觉舒适和干爽（图3-20）。这种融合设计的多功能保暖背心具有灵活调节体温、应对多变气候的特点，成为设计师关注的重要品类。意大利著名时装品牌阿玛尼推出的EA7运动系列，服装根据身体运动时体温分布特点进行设计，贴身穿着的速

图3-19 户外跑步夹克，品牌：耐克

干保暖基础层采用了无缝一体织技术，保暖背心在需要保暖的前身填充保暖材料，体侧则选用弹力耐磨材料（图3-21）。

图3-20 户外保暖运动背心，品牌：耐克

图3-21 保暖背心，品牌：阿玛尼

随着一衣多穿、适应多场景等设计理念的兴起，多功能马甲成为运动装中的关键款式。这种轻便的多功能马甲可以与帽衫或防风防雨外套搭配穿着，增加额外的保暖功能。不仅可以广泛运用在户外运动中，也能够适用于休闲社交的需要。舒适的质感和功能细节增加了多功能马甲的实用性。绗缝或3D压胶等工艺细节能够增加服装表面的立体感和细腻的手感。功能性服装品牌石岛（Stone Island）推出了一款创新的、充满科技元素的可拆解马甲，马甲的带帽斗篷可以包裹在羽绒背心之外，适合多变的天气，面料使用的是公司自主开发的尼龙金属面料（图3-22）。

图3-22 模块化设计有斗篷的保暖马甲，品牌：石岛

二、适应不同场景和用途的模块化设计

名为"Gorpcore"的穿搭风格是在户外与健身运动盛行之下的一种流行风格。由杰森·陈在2017年提出，前半部分的GORP是"Good Old Raisins and Peanuts"的缩写，指户外爱好者平日必备的混合干果类型食物，寓意简约的穿着风格及功能感。

随着人们生活节奏加快，碎片化运动成为较为普及的运动状态。碎片化运动的优势是可以在一天中进行多次短时间运动。适应性强、多功能的运动装才能够满足此类新的锻炼需求。用户需要能够适应不同场景与用途的运动服，从办公到健身、从户外到室内都能灵活应对，还能易于搭配与日常装融为一体。模块化的运动装设计能够满足用户的相关需求。

所谓模块化设计是指针对不同功能或是相同功能的不同性能、不同规格的产品进行分析，将整体根据功能进行划分形成小的组合部件，再将各个小的部件组合成不同功能的新的整体。运动装的模块化设计从需求出发，选用速干、吸汗、弹性的功能性材料，通过灵活组合变化服装外观和功能。运用模块化设计，既能够满足碎片化的运动模式和多场景的需要，也能在运动后进行款式的转换，打造时尚造型（图3-23）。

图3-23　模块化设计多功能运动外套，品牌：阿玛尼

相对于传统设计，模块化设计的优势在于灵活性更高，可以通过不同部件的整合形成多种功能、不同款式的服装。模块化设计也需要在设计前期对市场、对目标用户以及对潜在需求进行全方面把握分析，才能确保其有效实用。

露营热的兴起使用户对模块化单品产生了兴趣，这些单品可以根据用户的需求进行多样变化。可脱卸拉链衣袖或裤腿、多口袋设计、内部储物系统以及可拆卸的配件等都是模块化设计的手段。捷克户外品牌泰莱克（Tilak）以防风雨的滑雪服和登山装备而闻名，这款名为猛禽（Raptor）的功能性户外夹克采用了模块化的设计方法，可拆卸中心面板使夹克不仅可以调节服装的围度，而且能够在户外与日常不同场景间灵活转换（图3-24）。日本户外品牌高得运（Gold Win）的高性能防护外套采用Gore-Tex PacLite防雨透气面料，款式设计的灵感来自钓鱼服和复古狩猎装备，既可以户外运动时穿着，也可以在日常通勤中穿用（图3-25）。

图3-24　可拆卸的模块化设计外套，品牌：泰莱克

图3-25　高性能防护外套，品牌：高得运

三、容易被忽略的安全可视化设计

反光材料的使用可以在户外可视条件差时增加安全可视功能，为户外骑行、慢跑等用户增加安全保护，将反光设计用于身体背部视线无法顾及的位置十分重要。反光的视觉效果也具有强烈的科技感，成为时尚休闲类服装常运用的设计手段（图3-26~图3-28）。功能性通勤骑行裤的再次流行具有鲜明的适合多场景的特点，骑行裤在裤口外有调节扣，调紧可使裤

图3-26　由100%回收材料制作的高反光、防水保暖材料

子适应骑行，调松可满足商务需求，此外调节扣上的反光材料运用符合夜间骑行的安全需要（图3-29）。

图3-27　反光效果不仅用于安全保护，也可以形成字体和图形产生装饰作用

图3-28　功能性反光保暖马甲为上班族提供了安全可视及保暖的功能，品牌：路易威登

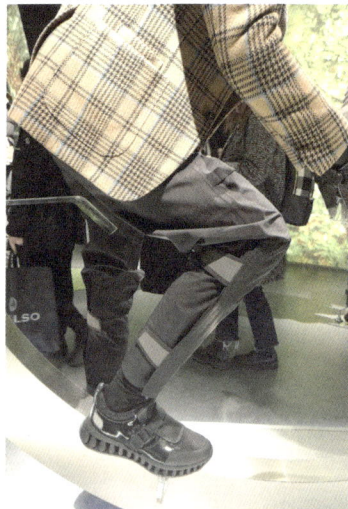

图3-29　有反光调节粘扣的骑行裤

第三节　细致入微的细节功能设计

　　运动装细节设计要符合运动的特点，使用便利，体现人性化的设计理念。以一件专业的户外防风雨夹克为例，除了在面料上要具有防雨透气性能外，在服装的款式和细节上也要满足户外运动的防护需要。例如防风门襟、双拉链设计、下摆内侧的防风裙、帽子的立体调节系统、腋下的通风口设计都要满足运动和用户对服装功能的要求。

一、合理的细节设计

　　一件专业的户外夹克，虽然价格不菲，但是它在户外运动时发挥的强大功能也带来了难得的快乐体验，其中合理的细节设计十分重要。成立于1989年的加拿大著名户外品牌始祖鸟（Arc'teryx）在户外夹克的细节设计研发中有很多创新（图3-30）。

1. 帽子、领子、门襟的设计

　　作为功能性外套的帽子、领子、门襟首先要具有防风、防雨雪的防护性能，在款式和细节上需要进行反复专业测试和调整才能满足户外严苛的环境要求。英国户

图3-30　户外防雨夹克简练的帽子调节系统，品牌：始祖鸟

外资深品牌睿坡（Rab）是受到专业行家青睐和登山队、救援队指定的品牌，在设计中一直坚持功能优先的原则。睿坡的专业登山装帽子设计考虑到了用户佩戴防护头盔所需要的尺寸要求（图3-31）。亚历山大·麦昆出品的休闲风雨衣借鉴了山地军装的款式，采用了复古的防雨帽檐并在帽子两侧为佩戴耳机留出了空间（图3-32）。英国创新功能服装品牌沃利巴克设计的第二代全拉链帽衫被称为"放松帽衫"，意在当不想被干扰时，将拉链拉上后就能打造一个私密空间（图3-33）。阿迪达斯的户外防风雨外套为防止头部侧面的视线受到阻挡采用了弧线轮廓的帽子（图3-34）。为方便戴手套的手抓取门襟拉链头而设计了宽织带，为防止领口门襟对脸部产生摩擦而带来不适，故在领口内部采用了宽底襟的处理（图3-35）。成立于瑞典海滨小镇瓦尔贝里的户外品牌藤森（Tenson）专注于防风雨的功能性服装，这款滑雪外套采用套头款式，帽子和领部的双拉链门襟设计增加了头部空间的灵活性（图3-36）。功能性服装品牌艾科尼姆（Acronym），是由华裔设计师爱罗森·休（Errolson Hugh）在德国创立的，以功能性、科技感的设计见长，为应对更极端的天气，这款外套采用了防风雨、防撕裂材料，双层门襟设计，服装的前胸和内层门襟口袋都采用了防水拉链（图3-37）。

图3-31 帽子的高度和大小需要将佩戴的头盔高度和尺寸考虑进去，品牌：睿坡

图3-32 风雨衣借鉴了山地军装的款式，采用了复古式帽檐并在帽子两侧为佩戴耳机留出了空间，品牌：亚历山大·麦昆

图3-33 第二代居家服装的防噪音帽子设计，品牌：沃利巴克

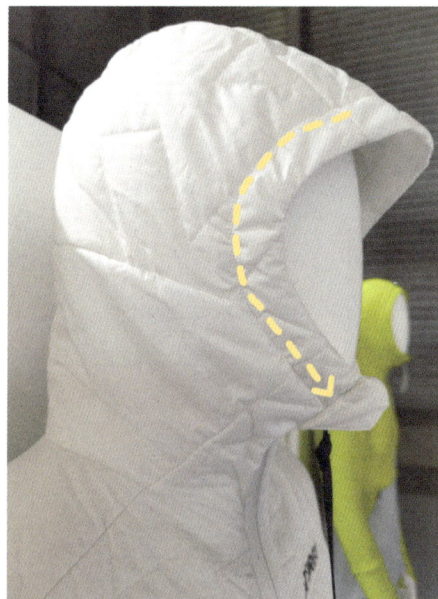

图3-34 帽子边缘的弧线设计是为了避免头部侧面的视觉受挡，品牌：阿迪达斯

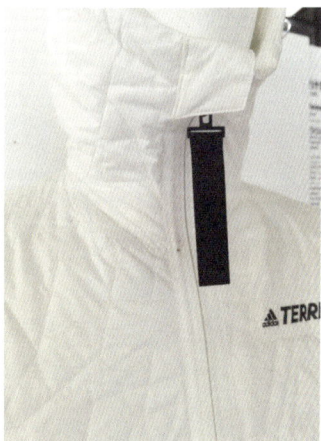

图3-35 拉链和底襟的便利设计

图3-36 滑雪外套的双拉链设计增加了灵活性，品牌：藤森

图3-37 双层前门襟拉链的细节设计，品牌：艾科尼姆

2. 袖口、下摆的细节设计

　　加拿大运动装品牌露露乐檬的运动外套的袖口采用两个细节设计，一个是比较常见的为大拇指留出穿口，便于手臂运动时更好地固定袖口，另一个则是增加了一个袖口翻折，当户外温度寒冷时可以给手部保暖（图3-38）。

　　运动装的开衩设计可以使服装随着动作姿态或形体发生变化，便于运动的同时也可以产生款式的变化。开衩根据需要可以应用在袖口、下摆、裤口多个部位。在运动装中开衩还起到透气和散热的作用。亚瑟士（Asics）的跑步速干上衣的下摆根据跑步动态设计了两个开衩来配合腿部动作

（图3-39）。阿迪达斯日常综训系列运动装的衣袖口和外套下摆口采用了开衩设计，外套内部有可悬挂在身体上的肩带设计（图3-40）。

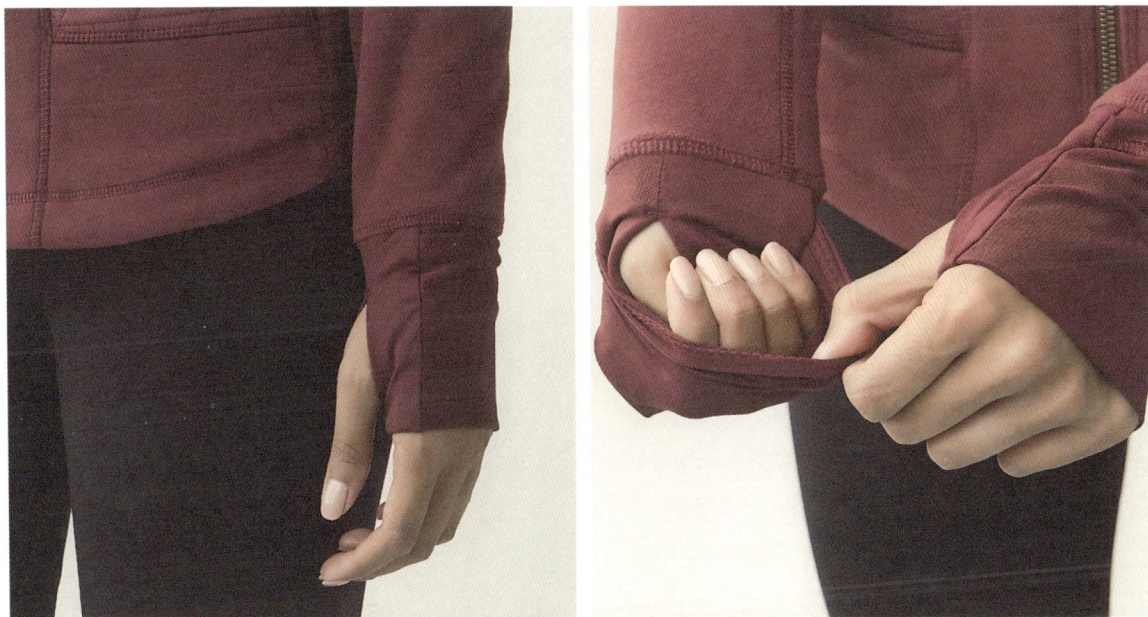

图3-38　运动外套袖口细节设计，品牌：露露乐檬

图3-39　跑步上衣下摆开衩设计，品牌：亚瑟士

图3-40　日常综训运动装细节设计，品牌：阿迪达斯

3. 细节设计问题分析

细节设计同样需要正确运用材料的性能，如图3-41所示，防风雨夹克的腰部（A点）设计线就是一个没有功能的非必要设计，不仅破坏了结构，还影响到门襟拉链缝合的平顺。两侧口袋没有设计风雨挡，且拉链（B点）没有设计防水功能，雨水会从没有防水拉链的口袋处渗入服装中。从拉链设计的细节问题分析中可以看到，功能性服装的细节设计一定要结合穿着的场景和功能需要进行设计，做到合理、好用，不能画蛇添足。防风雨夹克的前胸口袋（C点）采用了防水拉链却又添加了风雨挡的额外设计，不仅增加了服装的重量和工艺制作的工作量，也影响了防水拉链功能的体现。

二、灵活的调节设计

运动装的细节设计是通过对用户进行调研，根据具体的需求进行的设计。服装的调节设计也是细节设计的重点之一。领、袖口、帽子、腰部、裤口等很多部位都需要进行调节，通过对服装的调节达到穿着运动装时合体舒适的状态。通过调节也能变化服装的款式和轮廓，增加运动装的时尚感。迪桑特保暖背心的BOA旋转转盘，通过旋转旋钮可以调节衣服和身体之间的间隙，使服装更贴合身体，防止冷空气进入，加强保暖性（图3-42）。

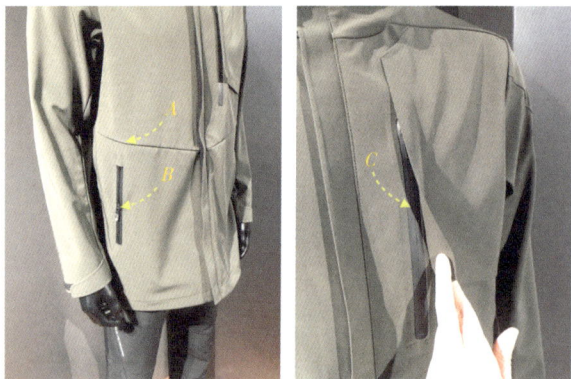

图3-41 有问题的细节设计

三、功能性口袋设计

多样化的口袋设计在时装设计中就很重要，在运动装的设计中由于结合功能和审美的需要，口袋的设计就更加丰富多彩。口袋的位置、大小、袋口的方向、容量等都需要根据需要进行设计，并在测试中反复确定是否符合运动需求。一些功能性服装的外部很简洁，但在服装内部却设计了功能多变的多个口袋。

功能性服装的变革者设计师马西莫采用最直观的黑白复印手段进行设计，这款复古防水夹克的口袋设计考虑到收纳物体的尺寸和重量，在确保服装风格的同时也验证了细节功能的合理性（图3-43）。户外品牌白色登山（White Mountaineering）在和结实

图3-42 采用BOA旋钮可以调节合体度的保暖背心，品牌：迪桑特

耐用与时尚兼顾的专业背包品牌伊斯塔帕科（Eastpak）的合作中，将背包的功能性进行创新，成为一个模块化身体包的设计，通过使用对比色的搭扣、绑带和拉链来突出功能性服装风格的外观（图3-44）。在户外运动中由于会外挂很多装备，因此并不需要复杂的口袋设计。专业级户外品牌莎乐蒙（Salomon）的防水外套的口袋设计考虑到背包在肩部和腰部对外套的限制，选择了左前身大口袋的设计。服装口袋的尺寸和位置都经过精心规划，储物空间充分，拉链操作简便。黄色拉链在蓝色外套上产生了恰当的对比效果（图3-45）。

图3-43　防水夹克的口袋设计考虑到收纳物体的尺寸和重量，设计：马西莫

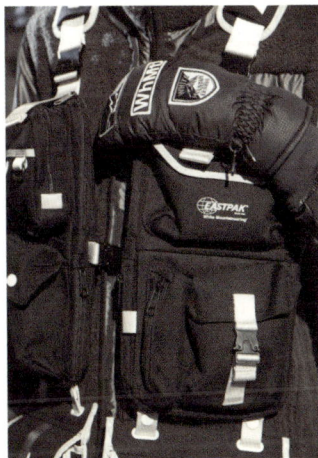

图3-44　模块化身体包设计，品牌：白色登山

图3-45　徒步外套的简洁胸袋设计，品牌：莎乐蒙

　　美国滑雪服品牌半日（Half Days）通过对女性用户的调研，了解到完美的拍照机会并不意味着要冒着在雪地里丢失手机的风险，在滑雪服的前口袋里安装了一个可以固定手机的皮带，用细致入微的设计细节服务于女性滑雪爱好者（图3-46）。686原本是以滑雪服为主的服装品牌，2018年，推出名为无处不在（Everywhere Pant）的功能裤，改变了该品牌的单一季节性。目前，686功能裤依然是电商平台的爆款。功能裤以黑色、卡其色和迷彩印花的设计应对城市和户外两种环境，采用轻便透气、防水、防污渍的尼龙弹力织物，共有十三个口袋来满足储物需求（图3-47）。

　　一些运动由于姿态的特点需要在特定的位置进行口袋设计。例如，骑行服装是结合骑行运动姿态特点将口袋位置设计在身后且手可以触及的地方（图3-48）。跑步短裤在腿侧设计了手机的口袋，由于腿侧采用弹性材料，因此能够保证在跑步时手机的稳定性，同时在腰部后侧设计了一个腰襻便于携带擦汗巾（图3-49）。

　　女式多功能运动马甲设计，在口袋的细节上尝试了口袋的智能布局和安全设计。口袋外采用防水材料覆盖并采用磁吸扣固定，口袋的位置设计在用户易于接触的前侧，方便在运动过程中

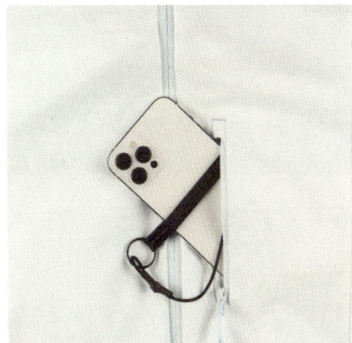

图3-46　可以固定手机的胸袋设计，品牌：半日

快速拿取或存放物品，多个大小不一的口袋提供了多种存储选项，可以存放手机、钥匙等随身设备。口袋存储的布局规划和安全隐蔽设计满足了女性用户群体对口袋的需要（图3-50）。

图3-47　功能裤口袋设计，品牌：686

图3-48　骑行装口袋细节设计，品牌：峡谷（Canyon）

图3-49　跑步短裤的手机口袋及腰襻，图片来源：英国在线预测和潮流趋势分析服务提供商WGSN

图3-50　女式多功能运动马甲口袋细节，设计：张清

思考题（Question）

（1）适用于运动前、运动中、运动后的多功能服装需要考虑到哪些功能要素？

（2）出于对环境、安全等因素的考虑，防护与健康功能受到重视，设计一款二合一、三合一、各个部位可以拆卸并易于与时装混搭的多功能模块化运动装。品类可以是旅行用风雨衣、跑步夹克、都市皆可穿用的户外夹克、商务风格骑行服装等。

CHAPTER 4

第四章

影响运动装设计的审美因素

美仰赖正确的事物，而正确的事物必须在最佳美学中展开。

——奥托·艾舍

1964年东京奥运会首次实现了体育赛事卫星转播与电视彩色显示的效果，1984年洛杉矶奥运会的转播收益就达到2.87亿美金，从此奠定了电视转播在奥运会中的重要地位。由于彩色电视的广泛使用和国际赛事的全球转播使运动装的色彩成为运动装设计的重要一环。

运动装的色彩有着丰富的内涵，说到足球赛场上的橙色军团就会让人不约而同地想到欧洲劲旅荷兰队，而蓝色军团的美名则非意大利国家队莫属。竞技赛场上提及中国队，中国红是最先映入眼帘的色彩。在这一章里，我们将通过对运动装的常用色彩、审美与安全因素以及所发挥的心理作用等因素进行分析，通过运动装色彩及图案的设计案例，进一步了解运动装色彩及图案设计的基本手法。随着运动装在用户的衣橱和穿着场景中逐渐占据主导地位，知名的服装设计师也参与到运动装设计中，更多的时装品牌也出现了运动系列，这些都对运动装的审美产生了影响。本章也将针对街头风尚、流行趋势如何影响运动装设计进行讨论。

第一节　运动装色彩设计的相关因素

在对运动装的色彩设计进行分析时，可以看到在色彩选择时需要考虑相关的影响因素。运动装色彩设计相关影响因素主要分为色彩心理因素、色彩功能因素和商业因素三个方面，相关的图表对三个因素的具体内容进行了简要的总结，如表4-1所示。

表4-1　运动装色彩设计相关影响因素

色彩的心理因素	色彩的功能因素	色彩的商业因素
时尚潮流与流行色彩的结合	色彩的可识别性功能：团队、国别及运动类别色彩 色彩不可识别功能：色彩的伪装作用	满足国际化市场的需要：易搭配的中性色彩、无季节感色彩、运动俱乐部服装与粉丝周边产品的色彩
运动文化及传统对运动装用色的影响	环境的影响：季节和气候因素与自然的和谐感	不同地域的色彩文化的差异性
色彩的和谐、对比、节奏感的设计	色彩的安全性：警示性色彩、抗紫外线色彩	环保要求下新印染技术的应用
色彩视觉心理的运用	智能化可变色彩的互动作用	运动装的基础色彩

一、运动装心理色彩

色彩越来越多地争取到了你。某种蓝色进入你的灵魂，某种红色对你的血压有影响，某种色彩使你更健康，这是音色的集合。一个新的时代正在打开。

——亨利·马蒂斯

　　20世纪野兽派大师马蒂斯在运用色彩进行创作时感受到了色彩对人心理与生理产生的作用。通过研究可以看出，所有色彩的波长都会对人有心理和生理的作用，色彩的波长对人体有深入到细胞组织程度的影响。受色彩波长的影响，在主要色彩的排序中，第一位是醒目的黄色，其次是白色、红色、绿色、蓝色和黑色。这些主要色彩的特点是易吸引人的视线，能够带给人强烈的心理感受。色彩心理学的研究指出，不同的色彩对人有着明显的心理作用。例如，性格外向的人和儿童对暖色系的色彩有特殊的感应，特别是红色使他们的情绪易高涨也易低落。色彩的心理暗示对人产生作用，例如红色既产生刺激作用也能带来温暖的心理暗示，而醒目的黄色则既可以激活警惕性也能引起人们对外界的注意（图4-1）。

　　由于色彩对人们产生了普遍性的心理暗示作用，因此在选择色彩时要结合具体情况进行考虑。通过顾客心理学家唐纳·朵森的测试，红色及其相近的橘色和粉红色在服装中有很重要的影响力。由于红色、橘色是属于暖色系的色彩，所以它们能促成活跃的氛围，使人们容易接受来自外界的影响，体验到温暖和兴奋的感觉。因此在一些运动中，运用黄色、红色、橙色等色彩其目的是通过视觉对人产生积极的心理影响（图4-2）。

图4-1　黄色的运动马甲具有极强的可视性，品牌：菲乐

图4-2　红色中式服装风格的女士运动外套具有热烈的节日氛围，品牌：耐克

　　与红色、橙色相对应的蓝、绿色系则从生理和情绪上对人的身心非常有益，它的"稳定特性"使人在生理上产生平衡和放松的作用，有助于减轻心理压力。减压的绿色系也因发挥心理疗愈的作用而成为流行色彩（图4-3）。全球最大的高尔夫球具制造商高威（Callaway Golf）的高尔夫服装采用沉静的蓝色，具有稳定心理的作用，可以使选手在高尔夫的绿色球场上发挥稳定（图4-4）。耐克公司采用轻松活力的绿色设计了春夏休闲运动装系列（图4-5）。

图4-3　采用柔和灰绿色的时尚运动装，品牌：菲乐

图4-4　蓝色高尔夫连衣裙沉稳优雅，品牌：高威

图4-5　轻松而有活力的绿色春夏休闲运动装系列，品牌：耐克

　　在一些运动员的反馈调研中表明，色彩在比赛中有很重要的心理影响。例如在一些高强度对抗性的体育赛事中，搏击运动或者其他对抗性的运动，运动员表示，容易让人兴奋的色彩会在高强度搏击里让人缺少冷静的判断，特别是在一些一招制胜的比赛中，由于不能冷静地进行判断思考下一步的对策而发挥不好。所以从运动员的感受中，简洁而冷静的色彩能够让选手的视线不被干扰，能够更清醒地判断情况并做出决策。因此如果设计师能够了解色彩的生理性和心理性特征，并将其合理地运用会产生事半功倍的效果（图4-6）。

二、运动装流行色彩

　　在色彩设计的影响因素中，潮流的影响与流行色彩的预测在运动装色彩设计中发挥着重要作用。运动装的流行色彩也充分体现出色彩心理因素的影响。运动装流行色彩预测认为，用户的心理状态将日趋复杂多样，对色彩的选择也将反映这一点。

图4-6　低调沉稳的深蓝色和灰色女子拳击训练服，品牌：安德玛

1. 沉静的不饱和色彩

具有治愈感的运动装流行色彩能够带来和谐与稳定的心理感受。当社会在经历动荡、灾害、战争和面对不确定性的挑战时，人们更加关注内在世界与日常疗愈，这一趋势推动了平衡身心、自我治愈、促进健康的相关色彩的诞生（图4-7），沉静的不饱和色彩也受到用户的青睐（图4-8）。

大地色系和莫兰迪色彩等低彩度色系因能够在视觉上带来舒缓的心理感受而广受欢迎。由于用户愈加注重情绪和心理健康，故在运动装色彩上不饱和色调和大地色调需求愈加强烈。不饱和色系所具有的无季节感与多场合的适应性成为消费者选择的主要原因（图4-9）。很多的运动装都不约而同地采用了此类色彩。在可持续时尚设计理念之下，更多运动品牌在设计中开发运用源于食品废料、植物及矿石天然染料的产品，这些产品视觉上更加柔和沉稳。法国的户外品牌白色登山的冬季户外产品采用了充满复古气息的大地色系。这一品牌诞生于2006年，以"需要穿衣出行的地方都是

图4-7　采用柔和稳定能带给人舒缓感受的莫兰迪色彩的运动后修复系列，设计：张烨

不饱和色彩所占份额虽然有所下降，但仍然最多

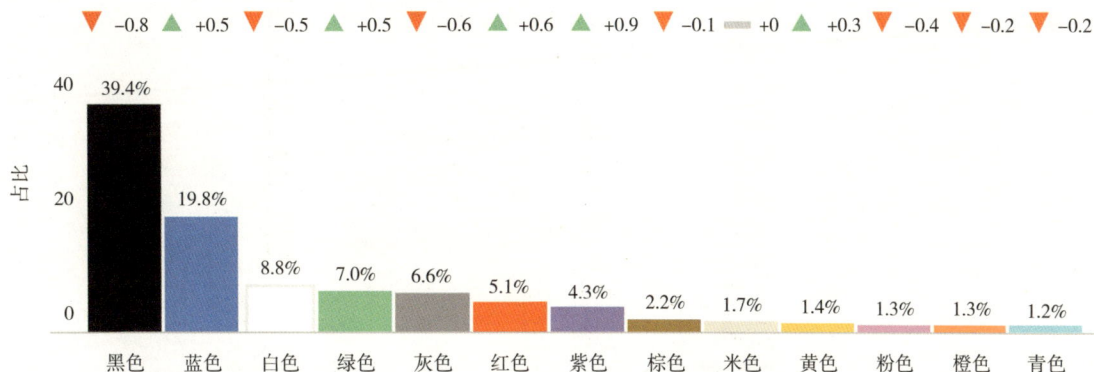

图4-8　2022年英国、美国运动装市场不饱和色彩仍然占主导，图片来源：英国在线预测和潮流趋势分析服务提供商WGSN

户外"为理念，将复古风格、实用性和科技元素予以融合创新，在外观上延续了早期经典的山地风格（图4-10）。

图4-9　大地色系在不同材质的运动外套上的运用，品牌：石岛

图4-10　复古棕色调的冬季户外服装，品牌：白色登山

2. 突出未来科技感的色彩

突出未来科技感的色彩是运动装流行色中新兴起的色彩系列。随着虚拟现实、人工智能等科技与人们的日常生活逐渐产生了深度的融合，特别是数码时代的青年人成为运动装消费的主力人群，数字空间里出现的人造色彩形成了未来科技感的色彩风格，也成为运动装色彩设计中应用非常广泛的一类色彩。与源于自然界的色彩相比，在虚拟的数字空间里或者是在电子产品视觉中呈现出的，是无法与大自然相对应或者类似的色彩，这类色彩却成为青年一代运动服中的流行色彩。数字薰衣草紫、荧光黄、科技银等都属于此类流行色（图4-11~图4-13）。

虚拟时空将扩展数字世界，激发焕然一新的自我表达形式，而色彩将在其中发挥关键作用。近年流行的数字薰衣草紫，受到数码时代青年群体的追捧。数字薰衣草紫与苹果薄荷绿、碧海蓝和野玫瑰等现代色调相结合，使得面料外观的活力光泽或渐变色更能展现动感或梦幻的视觉效果（图4-14、图4-15）。

3. 欢快的多巴胺色彩

在运动装流行色彩趋势中，多巴胺的欢快色调可以给用户带来乐观和积极的心理感受。无论是虚拟世界还是现实生活，幻彩色调都脱颖而出，成为时尚新宠（图4-16）。抽象的几何图形和欢快的多巴胺色彩使夏季时尚运动装更具欢乐与趣味性。随着各年龄段的消费

图4-11　男子日常综训外套，采用数字薰衣草紫色，富有科技感，设计：于季琦

图4-13　采用科技银色彩和金属质感的杜邦特卫强（Tyvey）材料的功能性外套，设计：王缀

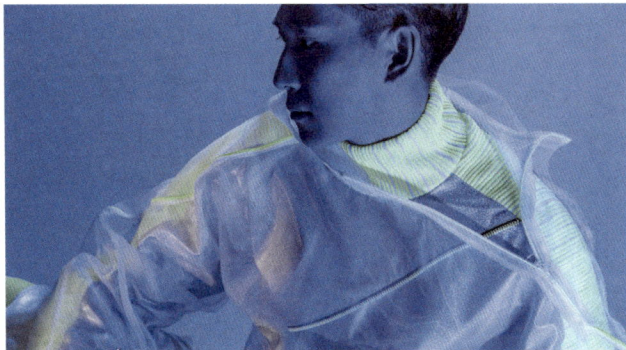

图4-12　科技感的荧光黄在运动装中发挥点缀的作用，设计：于季琦

图4-14   用荧光黄、数字薰衣草紫打造的时尚滑板装，设计：魏会容

图4-15   动感时尚色调、多场景的功能性运动装，设计：刘思文

者不断尝试户外运动类型的增加，人们不再只专注于挑战户外的艰苦环境与气候，而是更加关注在大自然中感受户外运动的快乐，希望以自然印花和图案表现个性，焕发青春活力。各式各样的印花和图形，如对比感强烈的图案、涂鸦风格和醒目幽默的标语，体现了时尚运动装的多元风格。来自荷兰的女子自行车品牌艾瑞斯（Iris）发布的新品骑行服，通过设计充满活力的色彩图案提振情绪，给人们视觉愉悦感（图4-17）。

在运动装色彩的设计中还需要考虑到色彩运用对视觉审美所产生的影响，需要善于结合一些审美规律进行运用。通过色彩组合、变化和搭配在运动装色彩设计中实现和谐、对比和节奏感也是常用的设计手法。运用色彩形成的条纹或是色块拼接，都能够在视觉上产生变化，不同色彩之间可以是和谐的，也可以是对比的，或者产生色彩的节奏感。例如色彩的渐变或者横向、纵向条纹，都能够为运动装带来速度、节奏等视觉感受（图4-18）。色彩的搭配还能产生视错觉，所以巧妙地运用色彩的收缩感和膨胀感可以产生美化形体的作用。

图4-16　带来愉悦视觉感受的多巴胺彩色滑板鞋，品牌：万斯（Vans）

图4-17　印花轻快活泼的荷兰女子自行车骑行服，品牌：艾瑞斯

图4-18　服装运用温感变色材料，明快的亮橙色与紫色对比增加了服装的活力，设计：张伊伊

三、运动装基础色彩

　　黑色、蓝色、灰色等在人们日常运动服装中常见的色彩是从早期的工装或军装中演变过来的（图4-19）。与都市环境契合的简约中性灰色系列在运动装中运用较为普遍，著名的美国运动装品牌冠军早期就为纽约货运司机和搬运工设计耐脏的灰色帽衫。灰色调的沉稳和自然质感也是用户选择的原因，哑光面料和绒毛肌理也使服装手感舒适并具有休闲感。

　　在悠久的运动历史与文化的影响下，运动文化传统对运动装用色也具有一定的影响力。例如在网球服的色彩运用上，白色就是网球服装的经典色彩（图4-20），特别是在英国温布尔登网球公开赛中一直坚持要求运动员穿着白色网球服参加比赛，使人们将白色约定俗成地看作网球服装最具代表性的色彩。白色作为网球服装色彩中不可缺少的颜色被大量运用到设计中（图4-21）。耐克公司与著名网球运动员塞雷娜·威廉姆斯的设计团队共同设计开发了具有20世纪90年代怀旧气息的网球服系列。本系列以白色为主打色彩，包括网球比赛服和场外穿着的透气性极佳的网球紧身衣、连衣裙、短裤和T恤等产品（图4-22）。

图4-19　不同材料质感的黑色机能服装，品牌：石岛

图4-20　白色是网球服装的经典色彩

图4-21　复古风格网球装设计，设计：王子漪

　　一些比赛场上经常出现的色彩已经成为固化下来成为某些运动类别所特有的色彩。例如黄色、红色等能够带来视觉冲击力的色彩在运动竞技场上，特别是在具有激烈对抗性的篮球、足球团队性比赛中被大量使用。随着世界杯、NBA等著名体育赛事在全球范围的转播，一些代表国家和俱乐部的运动装色彩逐渐深入人心，成为相对固定的运动装基础用色。由于这一类基础运动装色彩具有易于识别及历史传承的特点而成为运动装色彩设计中重要的组成部分。阿迪达斯综训系列运动装选用了适用性强的运动装基础色彩黑色和黄色，无论是在室内健身房或是都市户外环境都能相适应（图4-23）。

图4-22　塞雷娜·威廉姆斯与耐克联名的网球服装

图4-23　日常运动装基础色彩系列，品牌：阿迪达斯

第二节　运动装色彩设计的审美与安全

　　运动装的色彩设计在长期发展中，不仅体现了运动文化、历史和用户的审美偏好，同时也具有对运动安全的考虑。例如，从色彩的安全性上考虑，就有色彩的易识别和不易识别两种不同的需求。易识别的色彩醒目，对比强烈，发挥着警示作用。不易识别的色彩低调和谐，反差小，能够融入环境中不易被发现。运动装色彩设计可以结合具体需求去选择产生警示作用还是产生伪装作用的色彩。

一、易识别的色彩

　　出于安全因素的考虑，很多户外品牌的服装色彩都选择了饱和、鲜艳、易于识别的色彩。例如户外运动爱好者进行探险的国家地理公园会设有救援队，救援队员的服装色彩基本为红色、黄色、橙色等在大自然环境中容易被识别的色彩。这些色彩的运用是为了警示，使救援队员容易被发现从而增加救援的机会。当然户外探险爱好者的服装出于安全的考虑也基本选用鲜艳且易于识别的色彩（图4-24）。

　　在户外探险中，所处的环境可能是非常茂密的雨林，也可能是一望无际的戈壁，在大自然中，如果着装色彩与环境色彩过于一致，就存在意外走失而不易被找到的风险。团队在进行探险时，也需要队友之间彼此能够容易识别。虽然一些通信科技手段能够保证队友之间联络，但是在不可确定的因素下，例如由于没有信号、电源而失去联系从而引发不可测的风险。此时容易识别的色彩发挥的警示作用就非常重要。来自挪威的户外运动装品牌诺罗娜（Norrona）在冬季的探险系列服装和睡袋产品上采用了鲜艳的橘色，在冰天雪地中不仅能够发挥警示作用也会带来温暖的视觉感受（图4-25）。阿迪达斯的户外运动系列产品采用了红、橙、蓝、绿等艳丽饱和度高的色彩（图4-26）。

图4-24　鲜明的黄色滑雪外套在冰雪环境中更易识别，品牌：胡迪尼

图4-25 鲜艳的橘色能够在冰天雪地的户外带来温暖的视觉感受及视觉警示作用，品牌：诺罗娜

图4-26 采用红、橙、蓝、绿等明亮高饱和度色彩的冬季户外服装，品牌：阿迪达斯

二、与自然相和谐的色彩

户外运动装的色彩也受到环境、季节和气候因素的影响。除了危险性较高的户外探险类专业运动之外，低风险的轻量级户外运动也受到大众的广泛喜爱。在没有危险因素并相对安全的条件下，户外运动装的色彩可以与自然环境相适应，同时这些自然色调的色彩也适合在都市环境中穿用。与自然环境、季节相和谐的色彩，也可以提升心理舒适感，这也是色彩选择上需要考虑的因素。在运动装色彩设计中，自然色系的运用非常广泛，无论是具有怀旧气息的大地色调还是充满生机的植物色调，在与大自然的色调呼应中，都能给人带来舒适和谐的视觉之美（图4-27～图4-30）。

图4-27 与户外色调和谐并能适应都市环境的机能服装成为目前的主要趋势，品牌：帕斯普通工作室（Pas Normal Studios）

图4-28　与户外色调和谐并能适应都市环境的机能运动装，品牌：耐克

图4-29　与户外色调和谐并能适应都市环境的冬季机能运动装，品牌：耐克

图4-30　与大自然的色调相呼应，追求和谐视觉之美的户外服装色彩

三、隐蔽的色彩

　　不易识别的色彩也是色彩设计中因行为需要而做出的一种选择。当所设计的服装是需要与所处的环境更加融合时，可以使用能够发挥伪装作用的色彩。比如在拍摄自然环境的纪录片时，为了不惊扰大自然中的动物，摄影师的户外服装就需要做一些伪装，色彩上要尽量与自然环境的颜色一致。

　　自然界中动物们为了保护自己，具有非常聪明的色彩伪装，这为设计师提供了仿生设计的灵感，军装中的迷彩服就是典型的伪装色彩（图4-31）。阿迪达斯的户外功能抓绒衣（Adidas TERREX系列）的是一款多功能的外套，可以两面穿的抓绒外套一面是经典迷彩，一面是黑色，户外运动和都市通勤皆适用（图4-32）。在成衣染色上具有独特技术的意大利功能性服装品牌石岛，推出的高性能风雨夹克采用了细腻逼真的自然色调（图4-33）。

图4-31　早期的军装迷彩服，伦敦帝国战争博物馆收藏

图4-32　迷彩图案的户外功能抓绒衣，品牌：阿迪达斯

图4-33　户外夹克的自然色彩与军装中的迷彩服有异曲同工之妙，品牌：石岛

四、防紫外线的色彩

户外的环境中，需要考虑阳光直射下产生的紫外线伤害。世界卫生组织、国际预防非电离辐射委员会、联合国环境规划署和世界气象组织共同制定紫外线指数从0到15级，11级以上为危险级。热带、晴天高原地区的紫外线指数甚至高达15级，对人的皮肤具有极大的危害。

紫外线照射到织物上，一部分被吸收，另一部分被反射，还有一部分会透过织物。透过的紫外线将对皮肤产生影响。在一般情况下，紫外线的透过率＋反射率＋吸收率＝100%。因此，吸收率和反射率增高，透过率就降低，防护性能就优越。在具有防护紫外线功能的面料中，无论何种纤维紫外线都不容易穿过染过色的面料，而很容易透过白色面料。研究报告指出，随着织物色泽的加深，织物的紫外线透过率随之减小，即防紫外线辐射性能提高。通过对面料的测试也可以看出深色服装的防晒效果要优于浅色服装。而含有过量荧光增白剂的面料会将地面的紫外线反射到人的脸部及其他裸露部位增加额外的紫外线伤害。

墨尔本的自行车服装品牌麦帕（Maap）在服装上使用了黑色、淡紫色和数字薰衣草色彩。采用回收纱线和含有SPF50+防晒功能纱线的面料、时尚的色彩与合理的设计细节，共同打造了都市骑行服装的造型（图4-34）。

图4-34　配色具有都市风格的防晒自行车服装，品牌：麦帕

第三节 运动装色彩、图案及标志的作用

一、色彩、图案及标志的识别与象征作用

1. 色彩与图案识别作用的由来

在各类国际或者俱乐部赛事中，色彩发挥着代表各参赛国家或各俱乐部的识别作用，这种色彩、图形的识别作用可以追溯到中世纪。在中世纪的战场上由于人声鼎沸，硝烟弥漫，色彩醒目并具有图形的旗子成为区分敌我的重要方法。从此以后，人们开始运用带有鲜明识别度的图形和色彩的旗子来代表国家、运动队以及其他组织和团体。在中世纪不止旗子被用来定义和区分身份，服装也起到了同样的作用。服装图形与色彩的识别作用不仅有助于等级的规范，也成为一些职业服装的标志，例如常见的军装的迷彩服、手术服装的绿色和警服的蓝色等。因此色彩、图形在团队的归属、不同职业等方面的识别上发挥了关键作用。

在运动装设计上，人们已经习惯通过色彩和图形来辨识运动员所代表的国家。中国体育健儿身穿中国红为中国在各大国际体育赛事上创造优异成绩的画面早已成为观众们熟悉的情景（图4-35）。2012年伦敦夏季奥运会，斯黛拉·麦卡特尼（Stella McCartney）为英国国家奥运代表队设计的运动装，是由英国国旗色彩、英国皇家徽章和British的首字母B共同组成的一个醒目的视觉识别系统（图4-36）。

2. 色彩与图案的创新设计

2018年足球世界杯赛，耐克公司为尼日利亚国际足球队设计了"新尼日利亚"足球运动装，该系列以新尼日利亚为概念，利用尼日利亚国旗聪明活力的绿色和白色重新诠释了当代街头运动风格，同时对羽毛图案进行了抽象化设计，以致敬1994年足球世界杯

图4-35 身穿中国红领奖服的中国健儿，摄于安踏厦门总部

图4-36 2012伦敦夏季奥运会英国国家代表队服装设计细节，设计：斯黛拉·麦卡特尼

"超级老鹰"队服。2018年，该设计被英国设计博物馆提名为年度最佳设计。与常见的足球服装相比，球衣上活泼的印花图案更具有新鲜感。这款设计使耐克公司接到了超过300万份的订单，打破了非洲球队服装的订单纪录（图4-37）。

2019年，受到国家体育总局和中国奥委会之邀，中华女子学院艺术学院设计团队参与了2020东京夏季奥运会中国队领奖服的设计工作。设计团队以"星·耀"为主题，将中国航天、高铁等创新科技转化为视觉元素，对原有常用的国旗红进行色彩微调，采用隐形流线型提花与金色璀璨的群星作为装饰设计了中国队领奖服装方案（图4-38）。

图4-37 耐克公司为尼日利亚国际足球队设计的"新尼日利亚"足球运动装，英国伦敦设计博物馆收藏

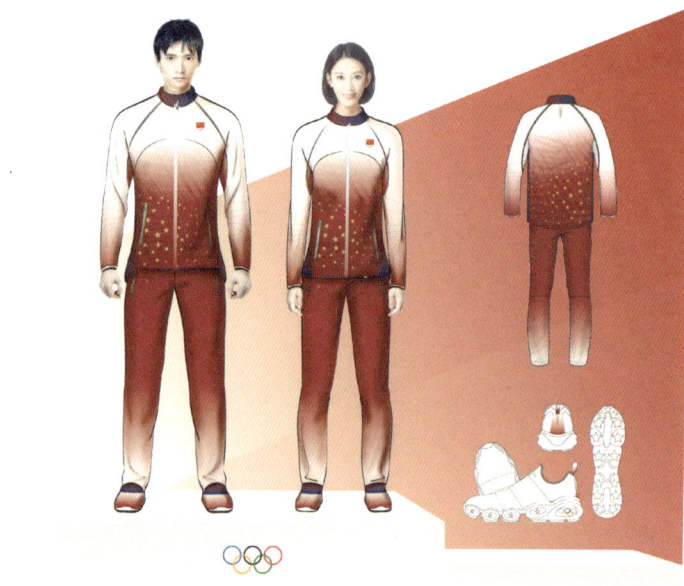

图4-38 2020年东京夏季奥运会中国队领奖服设计方案——星·耀，设计：中华女子学院设计团队

二、运动装标志、图案和辅料的装饰作用

1. 运动装标志的作用

在运动装设计中，作为表达产品精神内涵的品牌标志发挥着十分重要的作用。醒目而有吸引力的图案设计、标志设计成为运动装和休闲装必不可缺的一部分。这些图案和品牌标志在服装上的广泛应用对街头时尚产生了很大的影响。例如，耐克公司的标志就极具识别力，品牌精神的内涵"尽管去做（Just Do It）"就融汇在简单鲜明的对勾上。已经成为国际知名品牌的拉科斯特，诞生于1927年美国网球公开赛中，由著名的法国网球明星在比赛时穿着有短吻鳄标志的网球运动装而一举成名。这个知名的小鳄鱼最初被用在网球装和polo恤以及高尔夫运动装上，现在以拉科斯特品牌出品的各种功能性运动装上出现的为大众所熟知的短吻鳄几乎成为运动与时尚结合的代名词。

2．运动装图案与所在地文化的融合

　　跨国运动品牌在世界各地都设有专卖店，在营销上也注重通过色彩和图案的设计与所在地域的消费者产生共鸣。设在上海的耐克001创新店就专门设有上海专区，产品设计中体现了与中国文化的互动，将中国的文字、美食等视觉符号与耐克的标志进行融合创新。阿迪达斯在北京的旗舰店陈列的运动服则运用了中国红、熊猫和汉语拼音等视觉符号（图4-39、图4-40）。

图4-39　太极图案与耐克标志的融合，上海耐克001创新店

图4-40　中国红、熊猫、汉语拼音等元素出现在产品上，阿迪达斯北京旗舰店

　　图案在内容上有时也具有鲜明的在地性，例如2019年英式橄榄球世界杯在日本举办，服装图案就采用了日本的象征富士山为视觉符号，通过图案的设计突出了举办国的特色（图4-41）。近年来，一些特色鲜明的民族纹样开始进入运动装图案设计领域，特别是将具有悠久历史的民族纹样运用在户外运动装上，能够为户外运动装赋予丰富的民族性和地域性（图4-42）。

图4-41　2019年英式橄榄球世界杯在日本举办，服装采用了以日本富士山为主题的图案设计

图4-42　户外保暖夹克运用北美印第安原住民图案，具有浓郁的地域特色

3. 运动装图案的时尚设计

运动装图案设计的风格和内容需要配合运动装的种类和主题。由于几何图案具有简洁、富有节奏的特点，因此在运动装上较为常见。有些几何图案是将具象的物体抽象化，例如将动物进行抽象的几何图形设计。为了迎合青年消费群体的喜好，一些设计取材于当季的时尚主题图案或是流行的时尚口号。青年人群喜爱的街头篮球、冲浪、滑雪等时尚运动装的图案经常转化为独具个性的涂鸦图形或是文字，体现充满活力的街头时尚文化（图4-43、图4-44）。

图4-43　自由式滑雪服采用了抽象的扎染风格图案，品牌：罗西尼欧

图4-44　抽象的扎染印花具有街头时尚的风格，品牌：安德旺德（And Wangder）

4. 运动装图案和标志的延展设计

运动装图案和标志的延展设计是丰富运动装视觉效果的重要手段。可以将标志进行变形，延展成图形、印花图案，也可以通过改变图案和标志的位置增加运动装的动感。以"触动"为主题的街头篮球装设计受到时尚的夜跑和街头篮球运动的启发，以璀璨星河为图案和色彩设计的灵感，图案色彩搭配和谐，布局巧妙，突出表现了这一女子运动系列的多场景应用特征和时尚感（图4-45~图4-47）。

5. 运动装辅料饰边的装饰作用

运动装通常用丰富的饰边和辅料进行装饰，例如拉链、拉链头、松紧织带、调节扣、尼龙搭扣、反光条等。这些多样的辅料和饰边在运动装上发挥着固定、连接、调节等功能。设计师们也将它们的色彩、印花和质地进行精心的设计，例如通过织带或拉链齿牙的色彩与服装色彩交相辉映，或是将品牌标志巧妙地变成拉链头，或是运用平面或立体工艺将品牌标志印制在织带上。精彩的辅料设计在运动装上起到了画龙点睛的作用。通常会有专门的辅料开发公司进行相关的设计开发，品牌公司也会专门聘请辅料设计师进行设计开发（图4-48~图4-50）。

图4-45　主题为"触动"的街头篮球装设计效果图，设计：牛妍依

图4-46　灵感版，受到夜跑和街头篮球运动的启发

图4-47   主题为"触动"的街头篮球装色彩版，采用具有科技感的色彩

图4-48   设计中运用了丰富多彩的辅料

图4-49 色彩丰富的拉链织边和齿牙

图4-50 色彩、图形丰富的弹力织带应用广泛

第四节 运动装与流行风尚的融合

一、街头流行风尚的演化

青年文化造就的街头时尚可以追溯到20世纪50年代，首先是在美国开始流行，随即迅速向欧洲蔓延。夹克衫、大背头式的发型、胶底回力鞋和亮色的衬衫是20世纪50年代的街头流行风尚。青少年效仿他们的偶像乐队泰迪男孩的穿衣风格，从那时起青年文化产生了"反叛的一代、摩登主义、朋克和新浪漫主义"等很多对设计师有启发的流行风尚。

20世纪80~90年代，街头流行的变迁和运动装的潮流互为影响。时尚运动装的风格、灵感很多来自流行的文化，如流行音乐、街舞、极限运动等都对都市的运动服饰的潮流产生了影响。炫、动感是20世纪80~90年代的特色，青年人的服装和鞋帽等经常出自轮滑、滑雪、街舞等各种运动俱乐部。为满足运动爱好者们的需求，各种时装设计品牌也推出诸如"动感都市""街头航行"等运动风格的休闲服装。

进入21纪，体育明星成为青年人疯狂追捧的对象，街头流行风尚也向运动风格转换。蕾哈娜（Rihanna）等当红的流行歌手经常以时尚运动的造型出现在公众面前。

青年时尚文化的热点地区从欧美开始转向亚洲。在具有代表性的日韩潮流中，青年人通过一系列的潮流风格表达他们对传统社会的态度。哥特风、少女萝莉风、炫酷的机车风等街头时尚成为青年人表达自我、释放压力的方式（图4-51）。

二、运动装的联名设计

健康、运动的生活方式的流行，时尚媒体发挥了较为关键的推动作用。有关运动员连篇累牍的明星化报道，时尚健身运动的不断推送，对健美时尚形象花样翻新的打造，都使人们更加渴望拥有健美的身材和健康的生活方式。就连时装界也为这一趋势推波助澜，知名设计师或是新生代时尚的弄潮者都与知名的运动品牌联合推出自己的设计系列，或是推出自己品牌的运动系列产品。

阿迪达斯与日本著名设计师山本耀司长期合作的Y-3系列就是将时尚元素与运动功能设计相结合的产品类型，堪称时尚加运动的经典。Y-3的户外运动装系列灵感来自从城市到户外的旅程，突出实用功能的设计完美地适合了两种环境，保持了山本耀司简约洗练的设计风格（图4-52）。阿迪达斯还长期与英国知名时装设计师斯黛拉·麦卡特尼联名为女性用户设计开发网球、瑜伽、慢跑等运动服装，斯黛拉·麦卡特尼也是2012年伦敦奥运会、2016年里约奥运会英国体育代表团运动装的设计师（图4-53、图4-54）。随着设计师品牌以及奢侈品牌参与到运动装行业，运动装的整体趋势有向时尚快速转化的可能，同时运动加时尚的风格也成了运动装的设计方向之一。

2017年，户外时尚风格发展迅猛，成为融合了时尚与功能的主流趋势，助推了时装设计师与户外品牌的联名合作。德国著名时装设计师吉尔·桑达（Jil Sander）和加拿大户外科技品牌始祖鸟的合作系列具有典型的设计师的极简风格，这一系列包括功能性夹克、连体工装裤和带有皮革装饰的滑雪裤等产品（图4-55）。始祖鸟以高科技功能性和极简主义风格融合的

图4-51 街头风格与运动风格混搭的时尚运动装，耐克上海001创新店

图4-52 山本耀司与阿迪达斯联名的户外功能性运动装系列

图4-53 阿迪达斯与斯黛拉·麦卡特尼联名的女性运动产品

图4-54 斯黛拉·麦卡特尼设计的潮流感十足的女性运动产品

图4-55 吉尔·桑达与始祖鸟联名的户外功能性运动装系列

产品吸引了户外运动爱好者，吉尔·桑达则以极简主义的设计闻名时尚圈。与吉尔·桑达的联名可以看出始祖鸟这一相对小众且专业的户外品牌开始计划吸引时尚的青年群体。这一联名系列将户外性能带入了都市生活，两个品牌之间虽然立足于不同的市场，但有着共同的审美价值，使得时尚与功能的结合更加和谐。

功能性材料外观的时尚化也是时装品牌尤其是奢侈品牌与运动装品牌联名研发的重点。由于滑雪运动、户外运动等品类的运动装更关注服装的高性能，在材料的外观上过于科技化而忽视了手感、色彩、印花等审美需求。随着滑雪与户外运动的普及，很多运动装企业开始关注对材料外观的设计研发，注重在提供更先进的性能同时，还兼具漂亮的外观与舒适的手感。个性化的印花或是具有天然纤维的手感的面料出现在功能性运动装中，能够让功能性运动装更有吸引力。

意大利奢侈品牌古琦（Gucci）与美国户外运动北面、德国运动品牌阿迪达斯多次联合发布了奢华休闲运动装系列和复古风格的运动装。古琦与阿迪达斯的联名系列将两者的运动与时装裁剪风格相结合。鲜明的红绿、红蓝赛道条纹是贯穿各单品的关键特征，这一常见的运动细节也是这两个品牌的重要标识（图4-56）。

滑雪运动的费用支出相对较高，滑雪装与奢侈品牌也密切关联，很多奢侈时装品牌都会专门推出滑雪系列服装。著名意大利时装品牌阿玛尼的运动装品牌EA7，也是意大利国家队冬奥会服装赞助商（图4-57）。法国高定时装品牌巴尔曼与法国创新滑雪品牌罗西尼欧（Rossignol）合作，推出了一款高性能系列时尚滑雪服。该系列将时尚风格融入高性能的服装。巴尔曼字母标志作为印花图案装点在滑雪夹克、长裤、连体滑雪服上，还包括滑雪后穿着的靴子以及滑雪头盔、眼镜和滑雪板等装备上（图4-58）。

图4-56 阿迪达斯与古琦联名的系列时尚休闲运动装具有浓郁的复古气息

图4-57 意大利滑雪运动系列服装，品牌：EA7

图4-58 法国高级奢侈品牌与滑雪品牌合作开发的滑雪服，品牌：巴尔曼

思考题（Question）

（1）举例说明2～3项运动的传统用色惯例及对现有服装用色的影响。建议从历史较悠久的网球、高尔夫、徒步运动中进行调研。

（2）结合色彩的识别性特点分析2～3个国家奥运会领奖服装的色彩设计特点，例如中国、荷兰、德国、法国。

（3）运动装如何对时尚产生影响？通过设计案例分析一位你认为在时尚与功能的平衡上做得好的设计师或者一个运动装品牌。

第五章

运动装设计的系统思维流程与可持续设计

当今最好的产品常常出自运动、体育和手工艺这些产业，因为这些产品确实是由那些把行为视为第一要务的人所设计、购买和使用的。

——唐纳德·A.诺曼

科技在各个领域的快速发展对当下和未来都产生了深远的影响，以设计为驱动将打破各个领域的界限，激发创造性，促进跨领域的深度合作。本章将从系统思维的视角梳理运动装设计的流程，通过设计案例分析讲解运动装设计系统化、流程化的重要性。在全球可持续发展的进程中，服装行业作为第二大污染行业，面临全面革新的挑战，设计师在满足用户需求的同时也肩负着全社会可持续发展的责任。本章还将分析在可持续设计理念之下，产品从创意阶段、生产阶段、使用阶段到产品生命终期各个环节的设计案例。伴随科技的飞速发展，如何设计彰显个性表达的运动装、能够提高运动成绩的运动装都将成为未来设计不可忽视的焦点。本章还探讨了智能时代运动装设计可能会产生的创新突破。

第一节　运动装设计的系统思维

随着科技从探索时代走向实现时代，人工智能算法将对人类产生极大的影响，兼具功能与时尚的运动装设计如何跟上时代的步伐，如何在设计中更加系统性、科学性呢？探索创新的运动装设计方法要从用户与运动装的关系入手。

一、注重使用和体验感的运动装设计

运动装的外观、功能性和体验感都将影响用户的感受，因此运动装设计应该满足用户需要，让用户从生理和心理上都能够体验到设计的价值。

1. 行为层面的运动装设计

唐纳德·A.诺曼在讨论情感设计中提出设计可以划分为本能层面、行为层面和反思层面的设计。以视频游戏设计为例，在本能层面的设计，设计师关注如何改进控制手柄或是键盘的外观上，有些则针对女性用户进行设计，具有更亲和女性的风格，有些则突出专业性和稳重感，力图让外观与用户匹配。在行为层面的设计，设计师则以强大的图形界面和快速反应为重心，强调操作的容易性，让用户不用花很多时间去学习如何操作，能够很快投入享受游戏的乐趣中。

运动装的用户所关注的使用时的愉悦和功效就充分体现在行为层面的设计中。行为层面的设计与产品的使用及体验感密切相关。体验感包含很多方面：功能、性能及可用性，这些都基于一个产品功能定义是什么。运动装设计的优劣体现在检验它如何完成定义中的功能，如果性能不够充分，那么产品就算失败。例如一件户外夹克定义了它需要具备防风防雨的防护功能，如果功能并不完善或者没有足够的吸引力，产品就没有多大价值。

如果说快速更迭的时尚设计是一种本能层面的设计，外观是首要因素，那么运动装设计就是一种行为层面的设计，需要赋予运动装高效使用时的成就感和愉悦感（图5-1）。好的行为层面的设计要以用户为中心，专注于了解和满足使用产品的人。对于设计师而言，参与运动的用户在使用产品中合理的性能和愉悦感就是设计的核心，因此运动装设计要在功能合理的前提下做到功能与审美的平衡。

2. 基于用户体验的运动装设计系统思维

勺子是一个非常微不足道的日常用品，但是如何对这样的产品进行创新设计呢？来自米兰理工大学产品设计专业的学生在诺曼·麦克奈利教授指导下设计了一款售价3欧元，却很难定义产品名称的小产品。在这个设计案例中，设计师在观察用户日常行为时发现了一个容易被忽视却并没有很好地予以解决的问题。这个问题就是人们在喝咖啡或茶的时候需要加糖，当用茶勺从糖袋中取出糖后又需要给糖袋封口防止潮湿。这虽是一连串细微的动作，却需要夹子和茶勺两个工具。设计师就从如何简化这系列动作的角度设计了这把有夹子的糖勺（图5-2）。

这个设计案例提示我们，在设计时需要具有全局观念，以用户为核心，抓住整体，抓住要害，才能发现创新设计的方向。从全局来看待问题，发现用户的需求从而找到创新方向，这就是设计系统思维的起点。勺子的设计案例要解决的是用户又要取糖，又要便利地将糖袋子密封的问题，但如果前提就预定要设计一个夹子或者勺子，就不能创新地解决问题。同理，在运动装设计中运用以用户为中心的理念，要全面地观察用户的需求、用户参与运动时的规律与特点、发现用户在运动中所产生的需要，从而找到创新设计的方向，系统思维在这一系列过程中占据了主导地位。

针织工艺在运动鞋上的创新是系统思维的一个成功案例。2019年，肯尼亚运动员埃鲁德·基普乔格穿着耐克公司研发的新款跑鞋Zoom Vaporfly实现了两小时内完成马拉松的目标。这款跑鞋是在2012伦敦奥运会之前研发的一款跑鞋"飞织"的基础上设计的。飞织跑鞋就是设计师根据专业选手对跑鞋的反馈意见"想要一款像袜子一样的鞋"而将袜子的针织工艺运用到了跑鞋的鞋身部分设计而成的。运动员的需要使设计师找到了创新的方向，颠覆了传统运动鞋的设计模式，从而设计了飞织跑鞋。在可持续发展的趋势下，最新款跑鞋的鞋身部分的纱线来自回收塑料瓶制成的

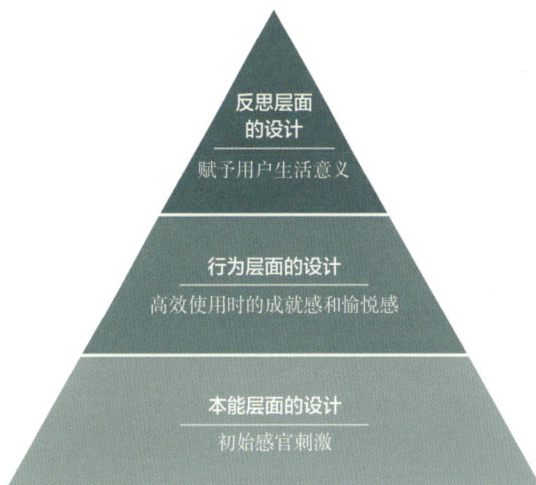

图5-1　情感设计中的三个层面

反思层面的设计
赋予用户生活意义

行为层面的设计
高效使用时的成就感和愉悦感

本能层面的设计
初始感官刺激

图5-2　勺子还是夹子，从用户的需求中找到创新方向

再生材料，然后运用细密的织法使鞋身贴合脚面，使其具有弹性的同时也坚固耐用。飞织的出现，突破了运动鞋设计的边界，也使跑鞋在材料与工艺上更加具有环保可持续性（图5-3）。

二、运动装设计树

　　运动装设计中功能与审美的平衡既是判断产品是否适合的标准，也是设计师不断进行探索创新的目标。

——简·麦坎

图5-3　飞织跑鞋，品牌：耐克

　　二十多年前，英国的简·麦坎教授在德比大学艺术学院创新性地成立了功能性运动装设计硕士专业，通过创新前沿的运动装设计理念和课程为欧美著名运动品牌耐克、阿迪达斯等培养了大量优秀的设计人才，简·麦坎教授也因此获得了英国设计教育创新奖。简·麦坎教授提出了系统化进行运动装设计的设计树，清晰地梳理了运动装设计中相关要素的关系。设计树系统地揭示了影响运动装设计的相关因素，指出在提出设计概念之前，需要识别最终用户的需求，并在设计中兼顾形式、功能和商业要素。影响运动装设计的要素具体包含审美因素、运动文化的影响、商业的关联、身体的需求和运动的需求五个重要部分。设计树指出运动环境、条件、规则和运动自身的历史文化等因素影响着运动装的设计，身体的运动状态、生理和审美需求也对设计有着关键影响作用（图5-4）。

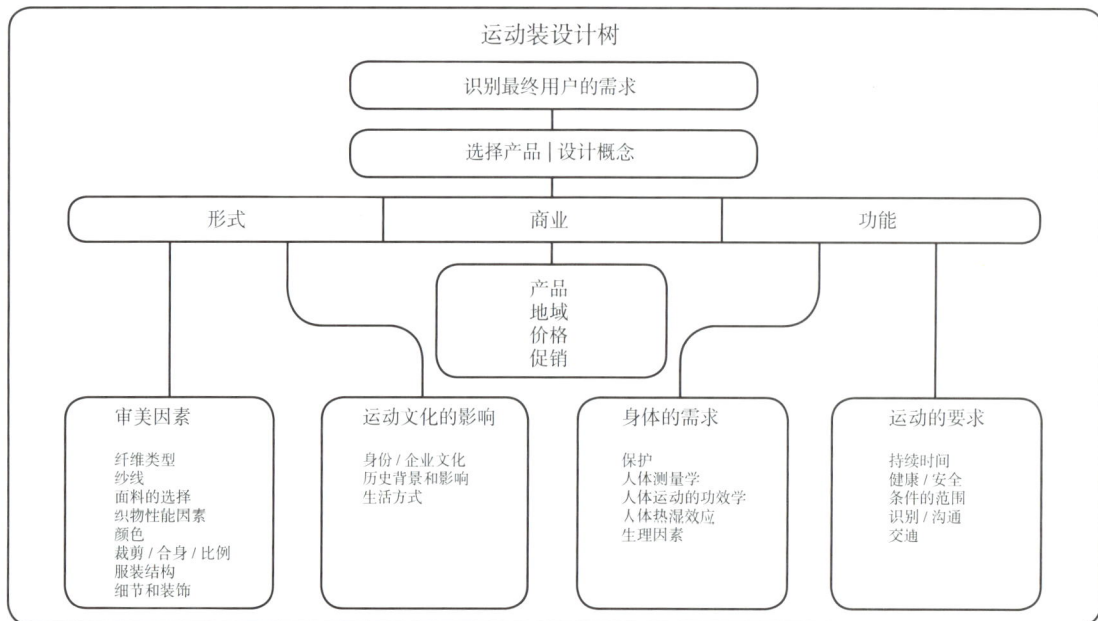

图5-4　运动装设计树

第二节　运动装的设计流程

通过第三章和第四章对影响运动装设计的功能和审美因素的分析，可以发现运动装设计属于行为层面的设计，需要赋予用户穿着服装时的成就感和愉悦感。运动装设计需要具有全局观和系统性，其设计流程包括了探究、创新和测试三个环节的内容。从探究开始，了解用户需求，寻找设计入手点；到创新性解决问题，以用户需求为引导，通过设计实践完成创意构想；再到测试验证，通过测试分析来找到最适合的设计方案。

运动装设计流程是具有清晰的系统思维的设计过程。在这个完整的设计过程中，各环节工作各有侧重：在探究环节应以用户的需求为设计的出发点，提出设计纲要，明确设计定位；在创新环节要一直以设计纲要把握方向，运用材料、色彩、板型和制作技术实现创新构想，完成样衣设计；在测试环节通过样衣的测试和用户的反馈信息进行设计的完善和调整，最终形成设计方案。通过一个完整的系统设计运作过程，能够使设计师形成正确的设计理念和体系化的设计步骤。这种具有很强实践性的设计方法锻炼了设计师理性的思维方式，使设计师能够进行系统的深化设计。同时设计师也需要整合多学科的信息，在设计中进行综合运用。例如，在设计的研究中可以了解到功能性服装材料的新技术及特性、后整理及工艺手法等相关行业生产信息，作为基础理论支持的人体基本生理知识、人体温度变化和排汗的调节原理等知识也会为设计师在材料的选择和服装的设计上提供很大的参考价值。

一、运动装设计的基本出发点及设计流程

1. 探究：了解用户的需求

运动装要最大限度地满足运动用户的需求，运动的规则和运动自身的特点也影响着运动装的设计。运动者所处的状态包含运动前、中、后的运动全过程，所参与的运动项目的特质对设计有着关键影响作用。以户外和室内两大类运动的区别为例，户外运动所具有的特质就是要适应不确定的天气变化，因此，天气因素就成为户外运动装设计时需要系统考虑的要素之一。但是无论哪一种运动，都不是静止的，因此人体的热湿变化和动态的特征也是运动装设计的关键影响因素。运动装最舒适的状态是没有束缚自由运动的状态，因此能够让用户自由运动的板型设计是运动装设计的起点。请重温第三章介绍的运动中的身体及影响运动装设计的功能性因素。

2. 创新：以用户的需求为引导进行设计

在汽车设计的产品分类中，有些车为家庭需求而设计，有些车为满足青年人热爱冒险和越野而设计，还有些车是专门为梦想着冒险与越野却从没有机会真正去实现的人而设计。而购买运动装及装备的用户也有类似的情况。通过设计多样的运动装来满足用户多样而广泛的需求和喜好，可以使得产品更具有商业价值，所以正确理解用户的需求是设计的前提条件。

进行设计前充分了解运动参与者的感受和需求，这些丰富的需求信息，会给设计师带来很多的启发。例如走出都市，拥抱户外是近十年热门的一种趋势。从专业技巧和经验上可以将用户分成不同等级，不同等级的用户会有不同的需求。专业级户外运动的用户愿意去征服崇山峻岭；初级的用户想在大自然中得到心灵上的治愈；家庭型的用户期待和家人们一起在户外游玩的愉悦。不同人群的需求给设计师带来了不同的构思角度。需要注意的是运动装设计是基于用户的需求而进行的设计，不是设计师要求用户如何接纳的设计，这一点与时尚设计有所不同。请重温第二章介绍的参与运动的人群，学会用调研方法进行用户需求和特征的分析。

3. 测试：没有最好的方案，只有最适合的方案

在诺曼的情感设计中提到产品的可用性对用户产生的影响，体现在用户能否清晰地理解产品，并且达到预期效果。可用性会直接影响用户的使用体验，当用户在使用中感受到困惑或者沮丧时，就会产生负面情感。如果产品满足了用户需求，在使用中为用户带来乐趣和便捷，就会产生积极正面的情感。

运动装设计需要以功能优先为原则，任何具有创意的设计都需要通过测试环节进行检验。如果忽视了测试，创意设计也有可能带来未知的风险或者不舒适的穿着体验，因此，评价设计方案一定要进行产品测试，来最终决定设计中哪一些是需要舍弃的，哪一些是必须要优化改进的。没有最好的方案只有最适合的方案，昂贵的材料、最先进的技术也有可能在测试环节出现不符合使用需求的问题。因此通过了测试验证的方案才是最适合的方案。

以用户为中心的设计理念在运动装设计流程中始终指导设计师要兼顾运动装的功能与审美因素，用创新为用户提供美观实用的设计（图5-5）。设计流程体现了对运动装设计相关要素的深刻理解和考量，旨在引导运动装设计在满足用户需求的同时，也要注重产品的创新性和市场竞争力。

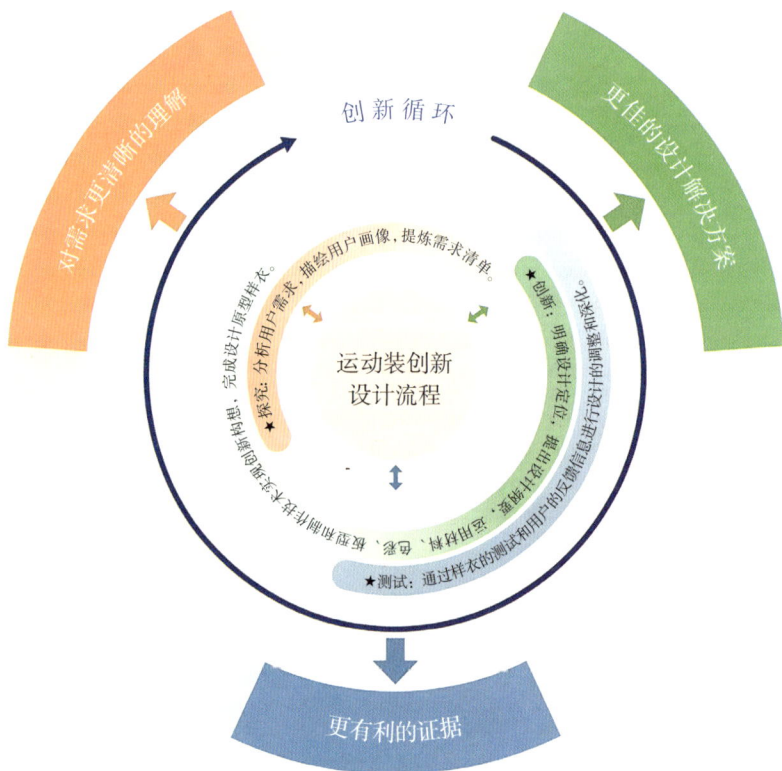

图5-5 运动装创新设计流程

二、运动装设计流程案例分析

设计师基于运动装设计的三个基本出发点，探究、创新、测试，通过运动装设计流程进行设计实践。下面以运动装设计教学中为女性滑雪爱好者设计的越野滑雪服为例，分析运动装设计流程。

1. 探究环节：前期的调研准备与设计目标的确立

（1）对所要设计的运动装及相关运动要有足够的了解：选择和确立运动装设计方向后，需要设计师通过文献阅读、视频分析和亲身参与体验等方法进一步了解运动及所需要的装备的特征和要求。通过充分的调研，设计师要清晰地列出所选择的运动的需求和特点。调研内容包括：运动环境特征、持续时间、强度、运动规则、普及程度、历史及文化等（图5-6）。

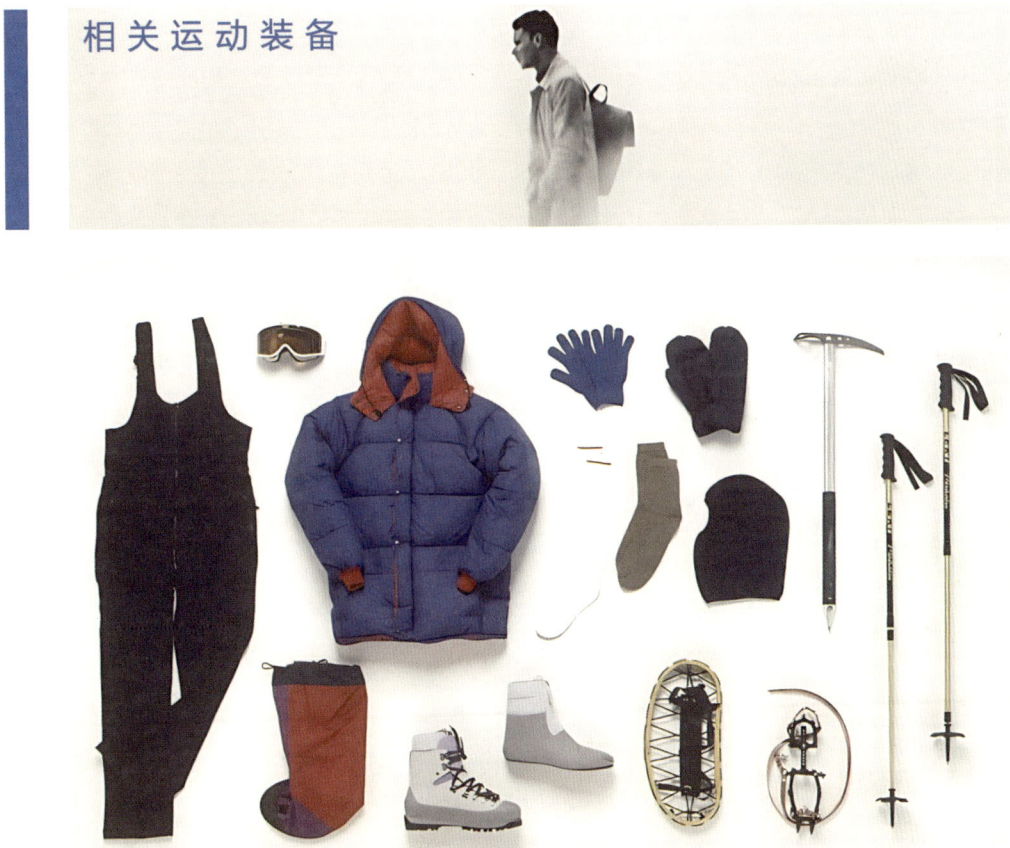

主要需要越野滑雪板、越野滑雪杖、越野滑雪鞋与滑雪服、滑雪帽、手套、滑雪袜子、滑雪镜、护具、运动内衣等。

图5-6　越野滑雪服设计项目前期调研

（2）对相关品牌产品的调研：了解和掌握市场上现有产品的款式特点、设计细节、材料用法、用户反应（优、缺点）及价位。设计师需要列出参与运动时的服装及装备的需求清单。

（3）确立设计目标：如何通过调研分析用户的穿着需求，请结合本书第二章运动的主体中介绍的用户调研方法，通过定性分析和定量分析对目标用户进行特征和需求的归纳、描述，描绘出用户画像。具体信息包括：用户信息（年龄、收入、性别、教育程度、居住地、兴趣爱好、参与运动的时间、运动程度等），用户生理需求与心理需求（对运动装的性能和审美的要求）。

（4）撰写设计摘要：根据前期的充分调研撰写设计摘要，阐明设计定位，说明要设计的服装类型、范围和创新点。设计师要在设计摘要中明确提出所设计的运动装应具备的特点，基于用户的特征与需求，对产品的主要功能、款式特点、材料、尺寸、用色、特殊的细节要求及穿着要求提出构想（图5-7）。从耐克上海001所展示的设计师草图中可以清晰地看出，设计师的设计创新是紧密围绕运动需求进行的（图5-8）。

2. 创新环节：实施设计创新

（1）面辅料的选择：这个环节重点要解决面辅料在所设计的运动类别上使用的合理性。设计师需要对服装材料是否能够满足运动装服用性能具有一定的专业知识和判断力。面辅料服用性能包括穿着中服装的外观感受、舒适性、耐用性和是否快干，易于清洁保养，设计师也需要关注材料对环境的影响（图5-9）。

一些运动装材料对制造工艺及设备有特殊要求。例如，运用在运动装上的防水拉链与激光切割、黏合工艺的结合不但简化了传统复杂的防水口袋制作工艺，还减轻了服装的重量。需要注意的细节是防水外套口袋如果是横向开口，需要有袋盖进行遮挡（图5-10）。激光切割技术的应用特点、防水面料在缝合处进行的封胶处理、反光技术的工艺特点、智能携带设备如何进行固定等，这些特殊的工艺制造技术需要设计师随时更新知识储备，了解运动装材料性能与工艺制造的关系，掌握不同性能和品质的材料在市场上的应用情况及价位。

设计定位

生理／运动需求
防风防水、保暖、防护、透气散热、轻量、满足运动人体姿态、人体和外部环境的平衡。

设计定位
①兼顾户外滑雪和城市休闲（适用于雪场内滑雪及冬季雪场休闲穿着），款式满足多场景切换，色彩搭配兼容度高。
②结构满足人体工效学，裁剪满足滑雪姿态特点。
③一衣多穿，多功能组合，轻量化，男女同款。

心理需求
品质好，颜色和款式满足个性化需求，城市与滑雪场多场景自由转换。

图5-7　越野滑雪服设计项目设计摘要

图5-8　耐克上海001所展示的设计师草图

面料筛选

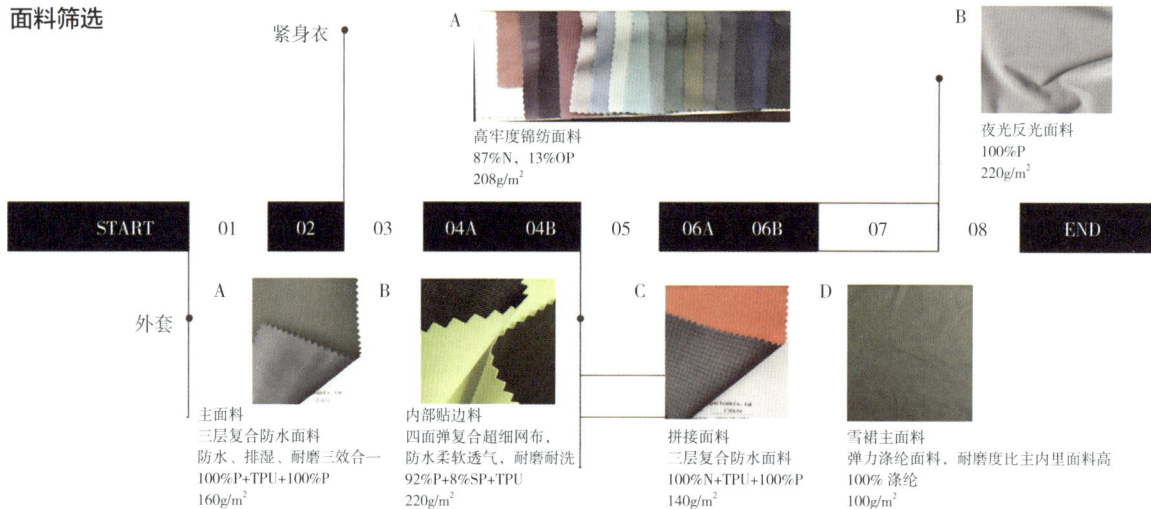

紧身衣

A
高牢度锦纺面料
87%N，13%OP
208g/m²

B
夜光反光面料
100%P
220g/m²

START　01　02　03　04A　04B　05　06A　06B　07　08　END

外套

A
主面料
三层复合防水面料
防水、排湿、耐磨三效合一
100%P+TPU+100%P
160g/m²

B
内部贴边料
四面弹复合超细网布，
防水柔软透气，耐磨耐洗
92%P+8%SP+TPU
220g/m²

C
拼接面料
三层复合防水面料
100%N+TPU+100%P
140g/m²

D
雪裙主面料
弹力涤纶面料，耐磨度比主内里面料高
100% 涤纶
100g/m²

图5-9　越野滑雪服设计项目面料的选择

（2）运动装板型的设计与实验：根据设计摘要中要考虑的设计创新点，从运动装的板型入手进行设计和实验，并完成基础雏形（图5-11）。以运动的人体体态为依据进行款式和板型的设计，板型需要满足的基本条件为运动的姿态特点，例如手臂和腿部运动的方向和频率、运动时所需的活动量和运动所需的生理弯曲等。运动装的板型还需要满足用户穿着合体与美观的需求。以等比例的真人尺寸进行样衣实验，可以从三维的角度全方位审视和验证设计构想，便于进行修正和完善。设计师从三维的样衣基础雏形中获取的信息有助于精准绘制表达二维设计稿。有些设计细节需要在正面、侧面、背面及具体细节的设计稿中进行视觉及文字设计说明。

（3）色彩与印花的设计：在这一环节中，设计师要结合设计定位、目标用户的审美偏好及商业因素进行色彩与印花的设计，请重温第四章介绍的影响运动装设计的审美因素。

（4）细节设计：设计师要结合运动自身的特征、运动环境等要素，针对具体需求进行细节设计，请重温第三章介绍的影响运动装的细节设计。

（5）样衣的实现：当运动板型的设计雏形基本形

图5-10　防水面料激光切割及封胶处理的口袋内部及外部的设计

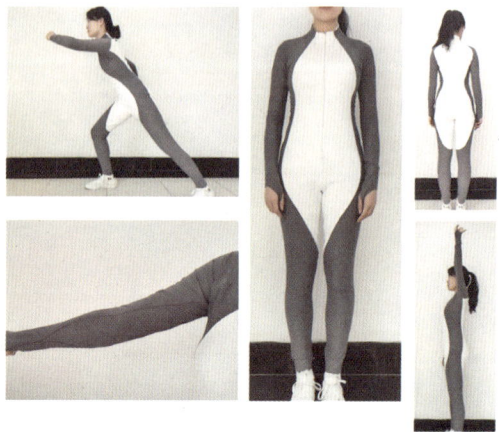

图5-11　越野滑雪服设计项目板型的试制和测试

成后，设计师就可以进行样衣的试制，并将设计的尺寸、工艺要求、材料的选择等信息编写进样衣制作工艺单（图5-12）。在样衣的缝制过程中也会遇到需要进行设计调整的情况，因此一个掌握运动装缝制工艺的设计师会在这一环节进一步完善设计方案。

成衣规格表　　单位：cm

规格	XS	S	M	L	XL	允差
号型	160/80A	165/84A	170/88A	175/92A	180/96A	
总衣长	81	83	85	87	89	±1.2~1.0
上衣长	61	62	63	64	65	±1.5
肩宽	41	42	43	44	45	±1.5
胸围	116	118	120	122	124	±1.5
腰围	108	110	112	114	116	±1.5
臀围	108	111	114	117	120	±1.5
摆围	107	111	115	119	123	±1
袖长	57	59	61	63	65	±0.5
袖口宽	25	25	26	26	27	±1.5

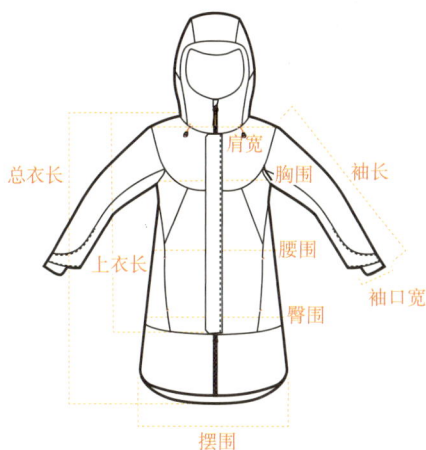

面辅料配置单

面料					通用辅料	热熔双面胶		压胶条	涤纶线
幅宽（cm）	147	147	148	140	颜色	透明	透明	浅灰色	灰绿色
缩率（%）	0.4	0.5	0.5	0.7	规格	1cm宽	1m宽	1.5cm宽	60s/2
用量（m）	2	1.5	0.1	0.2	用量	1m/件	30cm×100cm/件	10m/件	1个/件

辅料	拉链			魔术贴	松紧绳	吊钟	卡扣	防滑松紧带	四合扣	拉链片	夜光嵌条
颜色	黑色	黑色	黑色	墨绿色	橙色	磨砂黑色	黑色	黑色	黑色	橙色	浅灰色
规格	5号防水双开尾	3号防水闭尾	3号尼龙双开尾	2cm宽	0.5cm宽	0.4cm	0.4cm	2.5cm宽	1.5cm	6cm长	0.5cm宽
数量	1条/件	4条/件	1条/件	42cm/件	150cm/件	2个/件	1个/件	80cm/件	4个/件	5个/件	20cm/件

尺码数量配比表　　单位：件

规格	XS	S	M	L	XL	总计
号型	160/80A	165/84A	170/88A	175/92A	180/96A	
军绿色	10	20	40	25	10	105
橙色	5	10	20	15	5	55
灰色	10	20	50	30	15	125

图5-12

成衣规格表

单位：cm

规格	XS	S	M	L	XL	允差
号型	160/80A	165/84A	170/88A	175/92A	180/96A	
总衣长	139	143	147	151	155	±1.2~1.0
领围	42	43	44	45	46	±0.2
肩宽	37	38	39	40	41	±0.5
胸围	116	82	84	86	88	±1.5
腰围	69	71	73	75	77	±1.5
臀围	90	93	96	99	101	±1.5
前上身长	63	64	65	66	67	±1
后上身长	69	70	71	72	73	±1
腿长	68	71	74	77	80	±1.5
裤口宽	10	10.5	11	11.5	12	±0.2
袖长	51	53	55	57	59	±1
袖口宽	7.5	8	8.5	9.5	9.5	±0.1

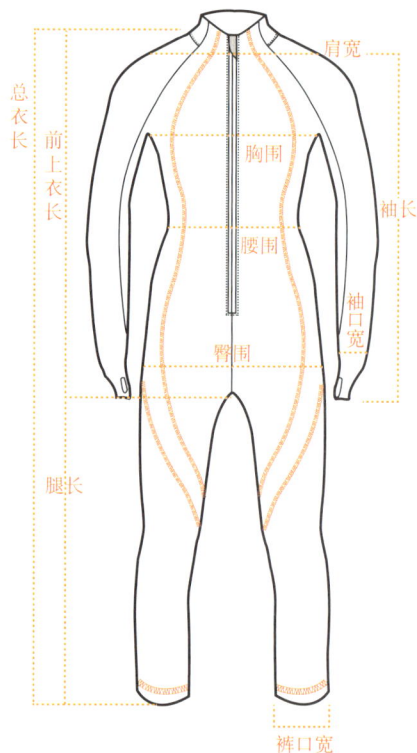

面辅料配置单

面料			
幅宽（cm）	170	170	100
缩率（%）	0.6	0.5	0.5
用量（m）	白色1，藏蓝色1.5	橙色1，果绿色0.5	0.2

辅料	拉链	尼龙、涤纶缝纫线
图示		
颜色	藏蓝色	橘红色
规格	60cm尼龙闭尾	100D
数量	1条/件	尼龙缝纫线3个/件 涤纶缝纫线2个/件

尺码数量配比表

单位：件

规格	XS	S	M	L	XL	总计
号型	160/80A	165/84A	170/88A	175/92A	180/96A	
橙色	10	20	40	25	10	105
绿色	5	10	20	15	5	55
白色	10	20	50	30	15	125

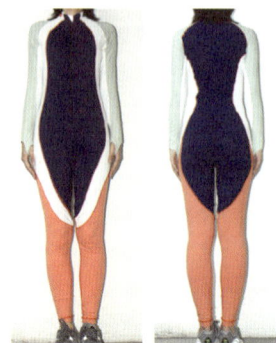

图5-12 越野滑雪服设计项目样衣工艺单

3. 测试环节：验证创新设计

如果不试验，你就没办法发现。或者，如果你不试验，你就永远只能跟随他人的脚步。很多领域都可以探索，款式、材料、色彩、生产。当然，我们会利用突破性的技术，试图了解我们究竟可以达到怎样的程度。我意识到，真实的情况是没有极限的，你永远可以再往前走。所以重要的是要有时间、决心和耐心，以及希望走在别人前面开始新的项目的意念，然后就开始新项目吧。因为枕在过去的功劳上吃老本是时尚界最常见的失误。

——马西莫·奥斯蒂

在第一章的运动装的前世今生里，我们介绍了这位在20世纪70年代就开始进行功能性服装创新设计的意大利设计师。他所强调的样衣测试环节是运动装设计中不可或缺的环节。正如马西莫所提到的，服装的款式、材料、色彩以及生产工艺都需要通过测试环节进行更深入的检查和修正才能真正保证设计理念的落实。在整个运动装设计过程中样衣的测试和调整环节是一个非常重要的步骤。服装在面料的选择、结构和款式设计初步确定并试制出样衣后，需要进行测试。缺少测试环节的设计是不完整的，也无法真正实现设计创新。

通过样衣的测试与实验对象反馈信息的分析，能够帮助设计师发现存在的问题，对设计方案进行调整和完善。有时实验对象的反馈意见和建议给设计师提供了新的灵感，可以通过测试的互动交流来完成最终设计。样衣测试方法要结合测试目的进行设计，测试时间、手段和条件的选择要依据服装的用途来确定。通过充分的样衣测试能够有效验证设计的合理性，为进一步完善设计提供参考。通过对设计方案的调整，一个相对满意的设计项目可以宣告完成，运动装的设计流程也暂时画上句号（图5-13）。

图5-13 通过设计流程进行设计创新的越野滑雪服，设计：孙墨然

第三节 运动装的可持续设计

不幸的是，正因为时尚取材于自然，所以目前的时尚产业已经使用了不可胜计的水、化学物质及化石燃料。这种行为不仅使土地和自然物种的多样性退化，而且每年会产生19亿吨的垃圾。

——迪莉斯·威廉姆斯
伦敦时装学院可持续时尚中心

一、可持续发展背景

1938 年，杜邦公司宣布，华莱士·卡罗瑟斯发现了尼龙，一种真正意义上的合成纤维，这种由石油和煤炭制品合成的聚合物意味着纺织技术新时代的来临。1952 年，另一种合成纤维，由炼油厂副产品制成的聚酯纤维也走入了日常生活。和尼龙一样，聚酯纤维重量轻，结实不易变形，经过优化改性后更加满足了运动装功能性的要求。然而，服装业对合成纤维的巨大需求造成了对石化产品依赖的现象，同时制造纤维、染色、后整理及织物的可降解难题至今都在给环境带来不可逆的损害（图5-14）。任何一个行业都不可能在一个资源与环境受到严重破坏濒临灭亡的星球上生存。因此各个国家和行业都要考虑最大限度地减少对环境资源的破坏，探索一种可持续发展的模式。通过设计来增加服装的寿命和可用性及在生产过程中减少对环境的破坏和资源的浪费，这使服装设计师在可持续性发展道路上发挥了重要的作用。

"可持续发展"作为一个长期的可持续发展理念，是在不损害后代需求满足的前提下，来满足现在的需要。这是由联合国世界环境与发展委员会确认的主题目标，1983 年获得了国际范围内的普遍认同。1987 年联合国世界环境与发展委员会发表了《我们共同的未来》的报告，报告由"共同的关切""共同的挑战""共同的努力"三个部分组成，提出了"可持续发展"的概念。报告用"我们共同的未来"来说明决策者和公众在制定经济政策时应该优先考虑对环境的因素，保持经济增长，而不对地球生态造成负面影响。可持续发展拓宽了对"绿色"和"生态"概念的思考，还包括社会责任、道德和社会结构的关系等焦点问题。

图5-14 数以千计的服装垃圾掩埋在地球且长期无法降解

1. 希格斯指数（Higg Index）

随着消费者环保意识的觉醒，在运动领域特别是户外运动领域，消费者对产品的可持续性非常关注，德勤咨询公司在欧洲2021年户外消费者分析报告中就指出，87%的户外运动消费者在决定消费时会考虑产品是否符合相关的可持续标准，57%的消费者愿意为因可持续而溢价的产品买单。各大品牌对服装及装备的可持续设计开发都非常重视，并在积极推进相关的可持续发展标准的实施。

如何在服装行业推进可持续发展进程，很多大型跨国集团或者组织都作出了尝试。开云集团（Kering）的环境损益表和希格斯指数都是较为典型的例子。希格斯指数是一个可持续发展的标准化评估工具，旨在评估服装和鞋类产品对环境、社会和劳工雇佣的影响。希格斯指数由可持续服装全球联盟（SAC，2011年创建于美国旧金山）推出，目的是评估和改善服装供应链，其成员覆盖三分之一以上的全球服装和鞋类市场。从2019年起，SAC逐渐开始向公众提供各个品牌和制造商的希格斯指数。

2. 巴塔哥尼亚广告"DON'T BUY THIS JACKET"

2011年美国"黑色星期五"来临之际，巴塔哥尼亚专门在《纽约时报》刊登了一则广告，号召消费者不要购买公司的夹克产品。"DON'T BUY THIS JACKET"广告自此使巴塔哥尼亚成为环保户外运动品牌的传奇。作为攀岩爱好者，伊冯·乔伊纳德于1975年创立了巴塔哥尼亚，生产户外运动装以应对登山攀岩的严苛环境。伊冯·乔伊纳德同时也是环保先锋，据巴塔哥尼亚官网得知，自1985年起，巴塔哥尼亚一直在"自征地球税"，将公司1%的净利润捐赠给保护地球的环保组织，截至2018年，该公司的捐款总额超过1亿美元。作为一家以环保理念出名的户外服装品牌，公司在产品上大量使用回收材料，知名环保产品有回收塑料瓶生产的抓绒衣、用废弃渔网制作的帽子等。2021年秋季，巴塔哥尼亚品牌中89%的聚酯纤维都由回收材料制作，据统计，该举措减少了330万磅二氧化碳的排放。2022年9月，伊冯·乔伊纳德宣布捐赠自己一手创办的公司，将全部利润奉献给环保事业，地球成为巴塔哥尼亚唯一的股东（图5-15）。

3. 胡迪尼公司的设计准则

瑞典户外运动装品牌胡迪尼在官方网站上鲜明地阐释了公司对可持续设计的观点："从短期和长期的角度来看，我们设计每一款产品的目的都是为用户和世界带来不同。我们将每一款产品的创新、设计和开发过程视为公司战略上重要的长期投资，对我们想要实现的目标有

图5-15　不要购买这件夹克，品牌：巴塔哥尼亚

着清晰的愿景，没有妥协的余地。"公司一直坚持长效可持续设计理念，并整理出设计自查清单：

> 在一个充斥着廉价小玩意和快时尚的世界里，有些东西还是可以持久的。它们将不再是你抽屉里的物品，而是你一生的伴侣。从质量、功能和风格上看，这些东西根本不需要被替换。但是如何设计和制作这些持久的产品呢？说到功能性运动装，我们已经确定了一个问题清单，在我们还不能够肯定地回答之前，是不会把它投入生产的。
>
> 这个产品值得存在吗？
>
> 它会持续足够长的时间吗？
>
> 它是否足够多用途？
>
> 它会随着老去而依然美丽吗？
>
> 没有添加不需要的东西，对吧？
>
> 容易修理吗？
>
> 它能满足我们的租赁计划吗？
>
> 我们有"生命终结"的解决方案吗？
>
> 少即是多！
>
> 我们的设计理念是围绕长寿产品、多功能多性能和极简结构。多功能的产品可以为用户提供更小更智能的衣柜，创造了可能性而不是局限性，在系统层面上提高了资源效率。我们的设计是极简的，去掉了不必要的细节，其结果是产品不仅美观，而且具有更长的寿命并容易维修。

二、运动装及装备在可持续设计上的实践

运动装及装备以产品的生命周期为线索，从创意阶段、生产阶段、使用阶段和产品生命终点阶段四个方面进行可持续设计的实践。

1. 在创意阶段唤起人们的可持续意识

作为对全球环境产生污染的第二大行业，时尚业在原材料的种植和生产、织物的织造和染整、服装的生产和运输以及快时尚引发的服装快速淘汰、废弃服装的填埋等一系列环节对环境的破坏和污染是急需治理的。

随着全球资源变得更加稀缺和珍贵，资源的再次利用受到关注，经济也将转向循环系统。人类消耗资源的速度比大自然再生资源的速度快了50%。由于空气和水等基本资源更容易受到污染，一些现在的必需品在今后有可能成为奢侈品。在气候变化和环境需求的驱动下，可持续时尚的设计将重新界定什么是美。

知名的可持续设计师克里斯托弗·瑞博，他的设计一直保持着对功能性和可持续的独特视角，构思精妙，细节上精致实用（图5-16）。出于对可持续时尚和设计伦理的考虑，克里斯托弗·瑞博的"重造"（Remade）品牌产品一直坚持设计、加工等环节的本土化。消防员服装对防火阻燃性能的要

求非常严苛，会因防火安全原因出现报废率很高的情况。克里斯托弗·瑞博就将报废的消防员服装材料进行再设计，更好地延长了消防员服装的生命周期（图5-17）。

耐克公司的户外运动系列ACG，是英文All Conditions Gear（全天候装备）的缩写。ACG全天候系列服装和装备的主题是到野外去放空自己，旨在鼓励人们善待自然、守护地球母亲，传播了可持续时尚的理念（图5-18）。公司与著名的日本蓝染手工艺结合，运用天然染料的耐克ISPA运动鞋，在功能之外通过对民间手工艺的传承唤起了人们对可持续的关注，强化了可持续时尚的审美观（图5-19）。

图5-16　户外风衣，用20世纪50年代英国皇家空军的丝绸地图制成，设计：克里斯托弗·瑞博

图5-17　报废消防员服装再设计，设计：克里斯托弗·瑞博

图5-18　ACG都市全天候功能服装，品牌：耐克

2. 在生产阶段减少对环境的影响

多发的气候灾害和全球变暖使功能性服装备受关注。在功能性服装的生产阶段，材料逐渐向可再生、可追溯、可回收且经过认证的天然材料过渡，

图5-19　蓝染耐克ISPA运动鞋，品牌：耐克

羊毛材料所具有的天然优势和特性再次得到户外行业的青睐（图5-20）。近年来，由于相关技术的突破使试验性的生物基材料广泛应用有了更多可能性。回收海洋渔网或是回收饮料瓶制成的功能性面料被大量运用（图5-21）。在回收材料的选择上，是否是易回收的单一材料，产品的表面处理工艺会不会妨碍后续回收等问题都需要认真考虑。

在可持续设计理念的指导下，运动装在材料研发、生产技术和信息追溯等领域都出现了新发展，对设计师进行可持续设计实践有所启发和帮助。

（1）运用天然材料：户外运动、日常综训、家居服饰的基础款材料回归天然，以经典风格体现可

持续时尚的美感。基础款运动装的设计不仅限于再生面料，天然可降解的材料、再生纤维与创新织造技术结合也可以提供运动装所需的性能。产品在信息上向用户提供可以追溯供应链的信息，将材料及生产透明化（图5-22）。

日本滑雪品牌高得运（Goldwin）在其实验平台Goldwin 0展示了与生物技术公司斯拜博（Spiber）合作开发的蛋白质纱线制作的服装，包括两件套夹克和裤子、牛仔夹克和裤子以及一件抓绒卫衣。产品还运用了信息标签，引导消费者了解产品所使用的革命性的材料（图5-23）。

（2）善用瑕疵材料：更精简的工艺步骤意味着更少的资源消耗。很多设计师将废旧服装的材料进行再设计，或是更多运用库存面料做成新的产品。产品在外观上会因使用回收材料而产生细微的差别或是使用未染色的环保材料而呈现朴实的外观，这些都为消费者带来了新的审美体验（图5-24）。

（3）运用更耐用、安全的材料：材料的强韧结构带来了耐用安全感，这是能够

图5-20 羊毛材料再次得到户外行业的青睐，品牌：黑冰（Dark Ice Project）

图5-21 回收海洋渔网制成的面料

图5-22 天然纤维羊毛、大麻等与再生纤维混纺的环保功能性材料增强了保暖、抗菌和速干透气的功能，ISPO纺织趋势发布

延长产品生命周期而进行的长效设计，雪地运动和户外探险将是耐用材料应用的主要领域。例如经过防水膜处理，透气性比其他防水材料高的尼龙梭织面料、含石墨烯的材料、再生尼龙等都提升了耐用性。

（4）采用适应气候变化的材料：战争导致的能源危机、生存成本的增加和未来的不确定性触发了市场对服装及服饰品能够具有温度自主调节功能的要求。能够自动调节温度的材料将为户外、日常综合训练、居家、通勤等多种场景提供外套、鞋品等多样的产品，这也成为设计开发的重点之一（图5-25）。总部位于伦敦的材料技术公司派缇皮利（Petit Pli）设计了一款适合在极端条件下进行户外活动时穿着的背心，背心材料里的无毒化学溶液能够储存热量并按外部环境需要释放热量。

图5-23　高得运与斯拜博合作开发的系列环保服装

图5-24　回收塑料制成的拉链，外观呈现的彩色颗粒是因回收塑料的色彩而产生的意外之美，ISPO纺织趋势发布

图5-25　为户外靴和手套设计的温度可调节产品，ISPO上海

（5）运用环保染色技术：哑光面料的舒适质地和外观应用了环保染色技术和新的处理手法。日常休闲运动装、工装和全天候运动装可以通过模块化设计增加产品的功能性，选择亚麻、大麻等天然面料或水果纤维面料，运用哑光质感的环保染色技术进行面料处理。来自WGSN的资讯介绍，巴塔哥尼亚的平纹针织胶囊系列Re-Color采用Recycrom染色技术，能够将废弃织物转化为粉质色彩，当该技术应用于天然面料时，能够呈现出柔和的外观。

（6）智能技术的参与：智能制造参与到服装制造环节的环保技术革新，为生产环节提供了更多改善的可能性。例如，采用单件印花并同时激光裁剪的技术，能够实现对小批量定制的快速反应，这样就能对用户需求进行快速反应，减少库存（图5-26）。康恩牛仔（Cone Denim）开发的零浪费生产面料排板技术减少了材料的浪费（图5-27）。

（7）标签和吊牌的信息传播：数据分析指出，在美国、中国和欧洲各国，60%的消费者希望服装生产过程能够更加透明，以便他们做出合乎道德规范的购物决策。在产品上对环保信息这个细节也需要特别关注。每件服装的标签和吊牌既是对产品信息的说明也是对可持续时尚理念的一次推动，因此需要关注标签和吊牌的信息传播重要性，对标签和吊牌的信息进行编辑。

吊牌上的成本、环保和认证细节发挥了关键作用，能够推动产品的销量和产品在社交媒体上的分享。例如环保材料可追踪溯源，虽然已经不是新技术，但顾客仍然期望它被广泛运用。2021年，可

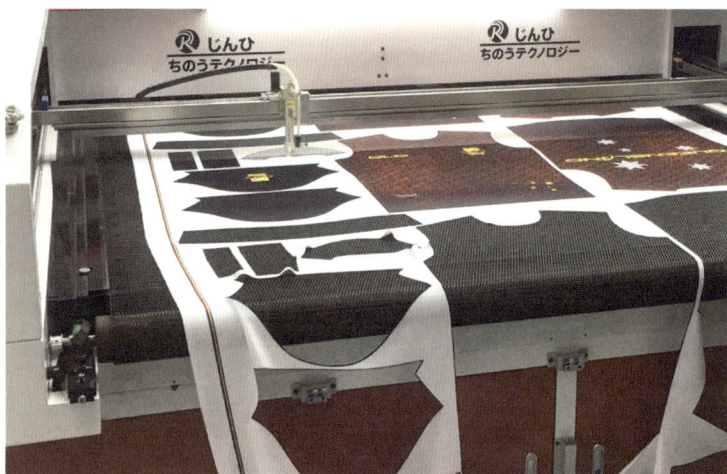

图5-26 生产环节采用单件印花并同时激光裁剪的技术，能够实现对小批量定制的快速反应

图5-27 康恩牛仔的零浪费生产面料排板

持续市场倡议（Sustainable Markets Initiative）的时尚工作组推出了数字标识，能够追踪时尚商品从生产到销售甚至是转售环节的记录。运用环保事实标签，让可持续全过程透明可追溯成为可能，这同时也是顾客的认知工具和品牌的责任工具。

3. 在使用阶段延长服装的生命周期

（1）一衣多穿，满足多场景需要。欧麦克斯（Olmax）设计开发的一衣多穿产品，入选了2023ISPO趋势奖。它的设计理念旨在通过设计帮助用户在使用产品时尽可能充分利用并延长服装的生命周期，打造简约、智能的服装。其特点是通过一衣多穿的穿着方式来减少消费者持有服装数量的同时，还能够提供适应多场合需求的便利选择。服装从色彩和材质上选择了适合日常休闲正装的沉稳的米色羊毛外套和深灰色羊毛长裤，在服装的另一面选择了具有动感抽象图案的速干运动装材料来应对运动场景的需要（图5-28、图5-29）。服装上的品牌标识用提花技术织出二维码，扫描后即可进入品牌网页了解服装的可持续设计理念（图5-30）。

图5-28 外套多功能设计，一衣多穿适应不同场景，品牌：欧麦克斯

图5-29 裤子多功能设计，一衣多穿适应不同场景，品牌：欧麦克斯

olmac
CLOTHING COMPANY

One garment, two places, a better planet

图5-30　欧麦克斯网页对一衣多穿的设计理念进行介绍

2nd Existence

图5-31　可持续理念的旧衣改造，品牌：再次存在

（2）增加情感价值，给服装新的生命。可持续服装设计从设计伦理的视角关注服装在心理上的功能，通过穿着方式、新型材料、视觉感受等赋予服装情感价值。例如，通过设计可以以一种令人舒服的个性化方式使产品和使用的主人共同经历岁月的洗礼，在使用中留下独一无二的磨损印记，因此服装将具备情感价值而成为用户的"老朋友"。设计长效的服装需要在功能上提升产品的耐用性和易用性，在造型上不能过于突出流行感而应具有经典的永恒感。

很多服装品牌都在尝试延长服装的生命周期，美国户外品牌巴塔哥尼亚从全球回收废旧衣物，进行重新设计和制造，将之命名为再制造系列，产品因经过重组再造焕发出可持续时尚的美感而广受好评。一些品牌在强调为消费者提供可以长久舒适耐穿的衣物的同时，也增添了服装修补服务等新的模式给服装第二次生命。再次存在（2nd Existence）品牌运用可持续理念中旧衣改造手法，将阿迪达斯、北面等常见运动品牌的旧衣进行重新组合再设计呈现新的可持续时尚风格（图5-31）。为实现零浪费的可持续理念而全部运用回收材料制成的运动休闲装，是设计师观察到青少年在快速发育时，服装尺寸难以适应的现象而得到的启发（图5-32）。

4. 在产品生命终点阶段的回收再利用

一件运动装或一双运动鞋因为磨损、不再合身或者是款式落伍了，都有可能成为被丢弃走向生命末期的理由。产品的合理回收再利用能够延长产品的生命周期，同时减少地球填埋垃圾的巨大负担和污染。如果在产品的开发设计中提前将产品生命末期考虑进去，就会为产品的进一步高效回收和再利用做好准备。

采用易拆卸、易分类回收的设计，能够在

图 5-32　零浪费设计，可以成长的运动休闲装，设计：于蒲涟睿

产品生命终结进行回收时更加便利。设计中做加法往往比做减法难，有些运动装和装备的设计出现过度的材料拼接、配件多余等问题。例如复杂的拉链、织带、抽绳等，这些设计都为产品的回收循环利用带来不便。因此，在设计中需要提倡少就是多的设计理念，简化设计的复杂性，同时将易拆卸和易回收作为设计重点。

耐克创新品牌 ISPA 推出的运动鞋就将鞋分解成鞋体、鞋底和鞋带三个独立部分，创新性地提升了产品的回收便利性（图 5-33）。人工智能机器人也辅助产品的回收与再利用。瑞士设计师麦克斯韦·阿什福德设计的 RUEI-01 鞋，使机器人在拆卸时可以很容易地"阅读"它，从而更有效地进行辨别、分类和回收（图 5-34）。耐克和库卡机器人公司联合发布了 B.I.L.L.（Bot Initiated Longevity Lab），这台会修补运动鞋的机器人通过对鞋子进行 3D

图 5-33　运动鞋的回收便利性设计，品牌：耐克 ISPA

扫描找出破损部位，使用回收聚酯贴片、水性清洁产品进行修补，使运动鞋焕发新颜（图5-35）。

图5-34　便于机器人识别回收的
RUEI-01鞋

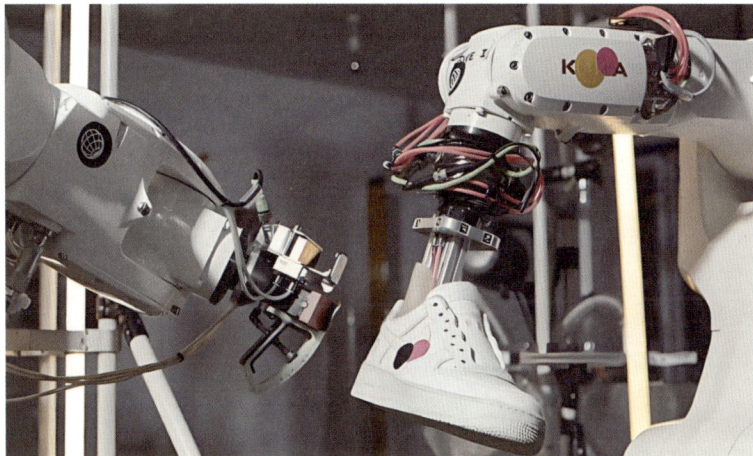

图5-35　B.I.L.L.修鞋机器人，库卡公司

第四节　展望未来的运动装设计

　　今天确实是一片广袤的处女地，我们都正在"形成"。这在人类的历史上是绝无仅有的最佳开始时机。

——凯文·凯利

　　我们所处的时代，科技正在推动人类社会走向未来，社会正在以前所未有的速度改变着，科技与艺术的互融共生更加助力有创新性的设计出现。生存与防护设计、可持续设计、包容性设计、虚拟设计等成为关注的焦点。以用户为中心实践审美与功能的平衡，以包容和可持续的理念来满足用户的需求，这应该是运动装设计师们一直追求的理想状态。

一、艺术与科技融合的运动装设计

　　近二十年来，设计的内涵更加丰富，设计的定义也有了新的阐释，例如2005年牛津英语字典对设计是这样定义的："设计是脑海中形成的完善的构思、设想和发明。"英国贸易与工业部也提出了设计是一系列有组织的创意过程的新解读，这些对于设计的重新解读，印证了设计中技术的重要作用。

　　美国社会学家丹尼尔·贝尔在研究中指出，在希腊语中艺术一词其实就是现代英语中的技术一词，它兼具着艺术和技术的双重含义，并一直在引导着人类社会的发展。在当下的后工业时代，技术与每一个人都紧密相关，没有技术也就没有时代的飞速发展，所以技术是连接文化与社会结构的艺术形式，并在过程中重塑二者。如果技术具有艺术与科技的双重含义，那么设计更应具备这样的特征。清华大学李当岐教授指出：设计追求美，讲究艺术性，但所有的设计都更讲究要能解决生活所需，因此设计是一种有限定条件的命题，创作不是随心所欲的情感宣泄，这也是设计与艺术的本质区别。同时李当岐教授也提到，设计过程往往是一种选择，是针对目标、市场、需求等诸多限定条件，基于以往经验，经过艰难的取舍，对解决方案的一种选择，因此设计不仅需要灵感启发和艺术感觉，更需要理性分析和科学决策。李当岐教授对设计的阐释，也蕴含在运动装设计艺术与科技的融合中。

在伦敦设计博物馆展出的一只诞生在飞向火星飞船上的靴子，是由丽兹·契卡洛和莫瑞佐·莫塔利提面向未来而设计的。其构思是利用飞行器里人类的汗液去培养的一种菌丝体来替代制作靴子所需要的皮革，再用3D打印制作出鞋子的鞋底和配件，如此在飞往火星的太空船这有限的空间里就不需要携带过多的装备和原材料（图5-36）。专业滑雪服品牌高得运（Gold Wind）推出了由人造蜘蛛丝制成的滑雪服，该服装的材料用合成纱线制成，这种纱线复制了蜘蛛丝中的氨基酸序列。蜘蛛丝虽然是一种十分坚固的材料，但很难大量获取以满足制衣需要，因此研究人员受到蜘蛛丝特性启发创造了新型合成材料Synthetic Rplica。这种新材料符合可持续发展要求，不使用石油化学物质，是一种非常耐用的运动装材料。人造蜘蛛丝结实、柔软、防震，是制作滑雪服等具有防护性能服装的理想材料（图5-37）。

新时代的中国航天成就展现了人类对宇宙的探索与未来无限的可能性。中华女子学院毕业设计发布会以"火星训练营"为主题，向航天英雄致敬，畅想火星生活，展现未来科技感的功能性服装。设计作品通过层系统和模块化的结构设计方式使其满足各种气候条件、多场景、不同人群的穿着需求，在一定程度上提高服装的使用寿命，将可持续理念体现在服装的使用过程中。通过对运动姿态及使用环境的调研分析，在服装上进行面料再造或结构设计创新，以满足人体工学要求，使服装发挥最大功用。以简洁的科技灰、明亮的橙色以及红色为主色调，展现健康活力和积极向上的精神（图5-38）。

另一设计作品构想当宇宙飞行器降落火星后，科研工作者在火星的工作状态，以户外功能服装为基本概念，在身体核心区设计人体的保暖和散热调节功能，在肩部和袖子运用感温变色材料使体表温度可视化，每一个拉链口袋既可以储物也可以通风，背部隐藏了一个小披风，可以作为背包使用，连体服也可变身为睡袋（图5-39）。

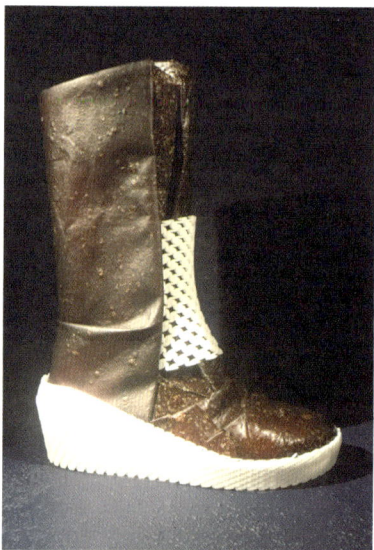

图5-36 火星靴，摄于伦敦设计博物馆

图5-37 由蜘蛛丝蛋白制成的滑雪服，品牌：高得运，摄于伦敦设计博物馆

图5-38　火星训练营为主题的功能性服装，设计：刘净瑜

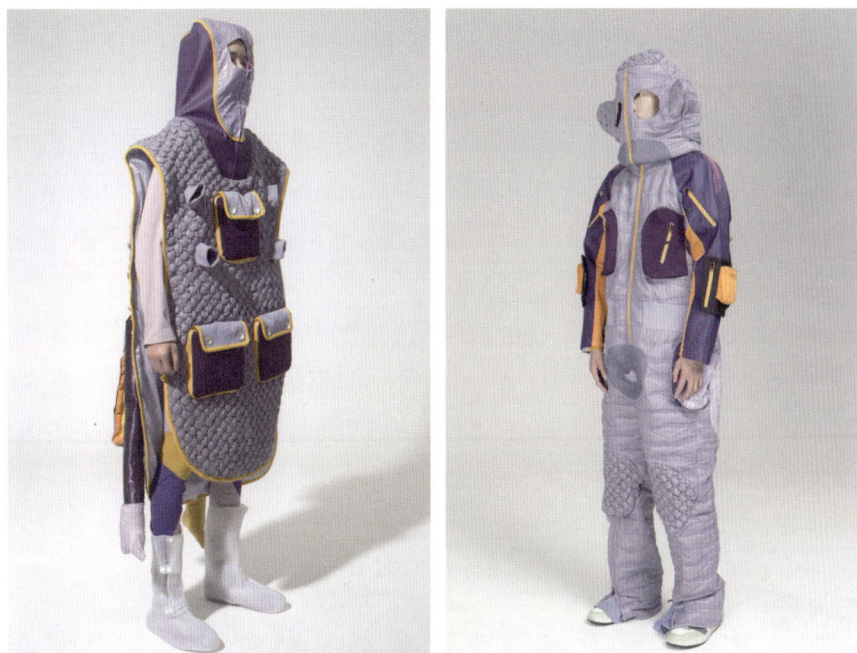

图5-39　火星训练营为主题的火星户外功能性服装，设计：张伊伊

二、虚拟技术、人工智能对运动装设计的影响

21世纪20年代，三维协同设计、数字孪生、元宇宙、AIGC等创新科技层出不穷，借助这些技

术，可以享受从创建到运行的虚拟世界，将体验从最小的单元扩大到无限的宇宙，甚至畅游N个时空宇宙的全新物理数字空间。这些技术的发展都给设计师们展现了无限可能性。

虚拟设计驱动、虚拟呈现、数字协同设计，给时尚产业带来的迭代速度频率加快、周期缩短等诸多益处，能更大限度地提高创造力和效率。特别是在制造环节能够实现全数字仿真，能够更科学、合理地规划生产，训练机器人，发掘产业潜能，降低成本，减少浪费。更值得期待的是通过GPU云图形处理场景、GPU虚拟化技术等在设计创新和产品升级上有所突破。例如大数据将参与市场调研、客户痛点分析、构思创意、确定功能、形式及外观设计等过程，客观分析数据并为设计师提供设计创新的依据、样本，再通过虚拟设计产品，虚拟空间测试，来实现设计迭代速度加快的目的，同时缩短产品的开发周期，并能够助力可持续时尚。

人工智能辅助运动装设计可以从以下几个方面进行探索：

（1）智能互联运动装的设计：可以设计开发能实时监测穿戴者生命体征和运动数据的智能运动装，并通过App和云平台进行分析管理。

（2）基于AI辅助的运动装设计：使用生成式AI模型辅助设计师进行运动装设计和风格演绎，自动生成新颖独特的运动装款式。

（3）运动装的虚拟试衣：利用AI和AR技术，让用户可以在购买前在线虚拟试穿运动装，进行风格匹配和效果预览。

（4）个性化定制的智能运动装：根据用户提供的数据，利用AI算法自动设计匹配用户体型、运动特点和风格偏好的个性化运动装。

（5）运动装的智能质量检测：使用计算机视觉等AI技术进行运动装的缺陷检测与质量控制，提高产品优良率。

（6）运动装的智能价格优化：根据市场和用户数据，利用AI来动态优化不同款式运动装的定价，实现更科学的价格战略。

当AIGC全面地融入生活，时尚与科技的融合将成为智能时代设计师的基本出发点。好的设计可以打破功能与美学的边界，实现技术与美的统一。好的设计要运用好技术这个工具来满足人类社会的需求。设计师应积极面向科技，将挑战化为机遇，用创造力去驾驭AI迸发出更澎湃的活力，用人类情感和美学智慧让AI更好地服务社会与生活。

审美与功能平衡，艺术与科技融合，运动装设计创新从未止步。

思考题（Question）

（1）运动装设计流程分为哪三大部分？通过你的理解举例说明测试部分的重要性。

（2）选定一个感兴趣的运动方向，按照本章的运动装设计流程进行运动装的设计。

（3）你认为运动装成为可持续的产品要从哪些方面入手？哪一个品牌的可持续产品做得比较有特色？

（4）浏览更多艺术与科技融合的运动装设计案例，打开想象的空间，设计一套太空旅行的功能性运动装。

参考文献

[1] 王露.运动装设计创新[M].北京：中国轻工业出版社，2008.

[2] 唐纳德·A.诺曼.设计心理学3：情感设计[M].何笑梅，欧秋杏，译.北京：中信出版社，2012.

[3] 彭妮·斯帕克.大设计：BBC写给大众的设计史[M].张朵朵，译.桂林：广西师范大学出版社，2012.

[4] 艾莉森·格威尔特.时装设计元素：环保服装设计[M].陈金怡，马宏林，译.北京：中国纺织出版社，2017.

[5] 利百加·佩尔斯－弗里德曼.智能纺织品与服装面料创新[M].赵阳，郭平建，译.北京：中国纺织出版社，2018.

[6] 埃德温娜·艾尔曼，艾玛·沃特森.时尚·道法自然——时尚的可持续发展[M].宋炀，译.北京：中国纺织出版社有限公司，2020.

[7] 戴娜·托马斯.时尚都市：快时尚的代价与服装业的未来[M].刘丽萍，译.重庆：重庆大学出版社，2020.

[8] 卡西亚·圣克莱尔.金线[M].马博，译.长沙：湖南人民出版社，2021.

[9] 王露.运动N次方：中华女子学院艺术学院运动装创新设计优秀作品集[M].北京：中国纺织出版社有限公司，2021.

内 容 提 要

本书以笔者二十年运动装设计人才培养的经验积累，围绕功能性运动装设计，系统地介绍了运动装设计教育理念，详细阐述了运动装、用户、运动与环境之间相互作用、相互影响的关系。通过丰富的设计案例介绍了运动装设计的影响因素、运动装设计流程、运动装可持续设计等内容。

全书图文并茂，针对性强，具有较高的学习和研究价值，能够为中国运动装创新设计人才的培养提供理论依据和实践经验。本书不仅适用于高等院校服装专业师生学习，也可供服装从业人员、研究者参考使用。

图书在版编目（CIP）数据

功能性服装：运动装设计 / 王露著． -- 北京：中国纺织出版社有限公司，2025．6． --（"十四五"普通高等教育本科部委级规划教材）． -- ISBN 978-7-5229-2272-0

Ⅰ．TS941．734

中国国家版本馆 CIP 数据核字第 2024FP1997 号

责任编辑：李春奕　　责任校对：高　涵　　责任印制：王艳丽

中国纺织出版社有限公司出版发行
地址：北京市朝阳区百子湾东里 A407 号楼　邮政编码：100124
销售电话：010—67004422　传真：010—87155801
http://www.c-textilep.com
中国纺织出版社天猫旗舰店
官方微博 http://weibo.com/2119887771
北京华联印刷有限公司印刷　各地新华书店经销
2025 年 6 月第 1 版第 1 次印刷
开本：889×1194　1/16　印张：8
字数：150 千字　定价：78.00 元